应用型本科系列规划教材

Python数据分析

主　编　张惠玲
副主编　王苗苗　杨陈东

西北工业大学出版社

西　安

【内容简介】 本书共9章,分为基础篇、中级篇、实战篇。基础篇(第1~3章)主要介绍了数据分析的定义、过程、作用和常用工具,并介绍了 Python 编程基础知识,以及常用的数据分析库 NumPy、Pandas、Matplot-lib、SciPy 和 Sklearn 的基本使用方法,帮助读者更好地理解 Python 与数据分析的关系。中级篇(第4~6章)介绍了描述性统计分析与数据可视化、统计推断、数据预处理等任务的理论知识及 Python 实现方法,帮助读者较快地提高实际操作能力。实战篇(第7~9章)介绍了线性回归分析、分类、聚类分析的原理和典型算法,通过实际案例,逐步实现从基础到综合的过渡,提高读者对数据分析技术的综合运用能力。

本书既可作为应用型本科高等学校计算机、数学及相关专业的教材,也可供其他人员学习参考。

图书在版编目(CIP)数据

Python 数据分析 / 张惠玲主编. — 西安 : 西北工业大学出版社,2022.11

ISBN 978 - 7 - 5612 - 8479 - 7

Ⅰ. ①P… Ⅱ. ①张… Ⅲ. ①软件工具-程序设计 Ⅳ. ①TP311.561

中国版本图书馆 CIP 数据核字(2022)第 205885 号

Python SHUJU FENXI

Python数据分析

张惠玲　主编

责任编辑:蒋民昌　郭军方		策划编辑:蒋民昌	
责任校对:陈瑶		装帧设计:董晓伟	
出版发行:西北工业大学出版社			
通信地址:西安市友谊西路 127 号		邮编:710072	
电　话:(029)88491757,88493844			
网　址:www.nwpup.com			
印　刷　者:陕西向阳印务有限公司			
开　本:787 mm×1 092 mm	1/16		
印　张:10.5			
字　数:276 千字			
版　次:2022 年 11 月第 1 版	2022 年 11 月第 1 次印刷		
书　号:ISBN 978 - 7 - 5612 - 8479 - 7			
定　价:45.00 元			

前　言

为进一步提高应用型本科高等教育教师教学的水平,推动应用型人才培养,提升学生的实践能力和创新能力,提高应用型本科教材的建设和管理水平,西安航空学院与国内众多高校、科研院所、企业进行深入探讨和研究,编写了"应用型本科系列规划教材"用书,包括本书在内,共计30种。本系列教材的出版,将对基于生产实际并符合市场的人才培养工作起到积极的促进作用。

随着信息数据的爆炸式增长和网络计算技术的迅速发展,数据分析在各个领域发挥着越来越重要的作用。通过数据分析挖掘数据的潜在价值,使数据能够从量变到质变,进而为各行各业提供决策支持,也可以带来巨大的经济和社会效益。在众多的编程语言中,Python由于其简洁的语法、强大的功能、丰富的扩展库,以及开源免费、易学易用的低门槛特点,被广泛应用于数据科学与机器学习领域。

本书从数据分析的基本概念讲起,结合Python数据分析常用技术,通过丰富的数据分析案例,深入浅出地介绍了数据分析过程中的有关任务,从而帮助读者较好地掌握相关技术和知识,构建起数据分析思想,落实实践与综合应用。

全书共9章,其中第1章由张惠玲编写,第4～7章由杨陈东编写,其余4章由王苗苗编写,全书的编写大纲和框架结构安排,以及最后的统稿、定稿由张惠玲负责。

编写本书过程中,曾参阅相关文献、资料,并得到西安启光信息技术有限责任公司王莺的指导,在此一并表示诚挚的感谢!

由于笔者水平有限,疏漏之处在所难免,恳请读者批评指正。

编　者

2022 年 6 月

目　　录

第一部分　基础篇

第二部分　中级篇

第三部分　实战篇

第一部分　基础篇

- 数据分析概述
- Python 编程基础
- 常用的数据分析库

第1章　数据分析概述

近年来,随着大数据技术的逐渐发展和成熟,数据分析技能被认为是数据科学领域中数据从业人员必须具备的技能之一。数据分析技能的掌握是一个循序渐进的过程。明确数据分析的概念、分析流程和分析方法等相关知识是迈出数据分析的第一步。

1.1　数据分析的定义

数据分析是指用适当的统计分析方法对收集来的大量数据进行分析,提取有用信息和形成结论,并对数据加以详细研究和概括总结的过程。例如,通过分析某城市一年的居民用电量数据,可以发现用电量与气温的关系。这个分析结果可以帮助电网公司对电力的储备提前做好预案,提升电力供应的保障能力。

根据数据分析的方法、目的和结果的不同,我们可以将数据分析分为以下四类:描述性分析、诊断性分析、预测性分析和规范性分析。如果需要查找问题的原因或预测某个业务领域会发生什么,那么选择数据分析的类型就显得尤为重要。例如,当想了解上个季度的业务趋势,并找到相关数据解释并支持这一趋势,那么描述性分析和诊断性分析将派上用场。但是,如果我们想制定战略,甚至塑造业务的发展前景,那么预测性分析和规范性分析就会有用。接下来,我们讨论这些方法。

1.1.1　描述性分析

在不同类型的分析方法中,描述性分析是在已有历史数据的基础上,总结规律,发现问题。这是从数据中得到信息的最简单、最直接的方法。例如,过去一年电视的销售量如何?某软件公司工作人员招聘的条件是什么?对消费者的年龄、收入、消费水平等指标进行分析,研究消费者对某商品的购买意愿情况。描述性分析是在一无所知的情况下对数据进行的探索,只对数据本身进行描述,不对数据后面所代表的意义进行阐述。

1.1.2　诊断性分析

诊断性分析是在对数据有所了解的情况下来进一步解答"为什么会发生这种情况"。例如,为什么某地区的男女性别比例不平衡?为什么中国的乒乓球能一直称霸世界?对某班期末考试成绩考评,计算班级平均分之后,发现这次考试比上一次进步了,是什么原因引起的?诊断性分析比描述性分析能提供更多的有价值的信息。

1.1.3 预测性分析

预测性分析是指利用预测模型、机器学习、数据挖掘、人工智能等技术来分析当前及历史数据，从而对未来或其他不确定的事件进行预测。预测性分析主要用来预测某事件在将来发生的可能性，预测一个可量化的值，或者是预测事情可能发生的某个时间点。例如，根据利率等多因素变化预测某只股票的涨跌，根据卫星云图预测某地区下大暴雨的概率。预测性分析还包括销售预测、风险评估、客户细分等，但为了提供可靠的结果，需要有定性、详细的数据。

1.1.4 规范性分析

规范性分析指在发生问题之后，根据问题的诊断性分析，结合预测性分析，做出相应的优化建议和行动。例如，这三种药品中，哪一种能提供更好的治疗效果？有了规范性分析，决策者还可以防止欺诈，并找到实现业务目标或获得竞争优势的步骤。例如，航空公司可以根据天气条件、燃料价格和客户需求等不断变化的因素实时调整票价。

在数据分析周期中，每种类型的数据分析都与其他类型的数据分析交织在一起。它们为企业提供了诸如发生了什么、为什么发生、接下来会发生什么，以及如何让某事发生等问题的答案。通过使用描述性分析和诊断性分析技术，可以清楚地了解事物为什么处于当前状态。同时，预测性分析或规范性分析将提供清晰的未来发展前景。

1.2　数据分析的标准过程

CRISP-DM(CRoss-Industry Standard Process for Data Mining，跨行业数据挖掘标准过程)在 20 世纪 90 年代由 SIG(Special Interest Group，共同利益组织)提出，该数据分析过程已被业界广泛认可。

一个数据分析项目的生命周期包含六个阶段：商业理解、数据理解、数据准备、建模、评估和部署，如图 1-1 所示。这六个阶段的顺序是不固定的，我们经常需要前后调整这些阶段。这依赖于每个阶段或是阶段中特定任务的产出物是否是下一个阶段必须的输入。图 1-1 中箭头指出了最重要和依赖度高的阶段关系。外圈象征数据挖掘自身的循环本质——在解决方案发布之后数据挖掘的过程才可以继续。在这个过程中得到的知识可以触发新的知识，后续的过程可以从前一个过程得到益处。

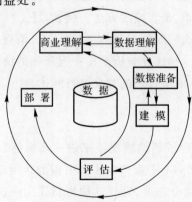

图 1-1　数据分析的标准过程

1.2.1　商业理解

最初的阶段集中在理解项目目标和从业务的角度理解需求,同时将这个知识转化为数据分析问题的定义和完成目标的初步计划。商业理解阶段包括确定商业目标、评估环境、确定数据分析目标、制订项目计划等。

1.2.2　数据理解

数据理解阶段从初始的数据收集开始,通过一些活动的处理,目的是熟悉数据,识别数据的质量问题,首次发现数据的内部属性或是探测引起兴趣的子集去形成隐含信息的假设。数据理解阶段包括收集原始数据、描述数据、探索数据、检验数据质量等。

1.2.3　数据准备

数据准备阶段包括从未处理数据中构造最终数据集的所有活动。这些数据将是模型工具的输入值。数据准备阶段要从原始数据中形成作为建模分析对象的最终数据集,主要包括数据制表、记录处理、变量选择、数据转换、数据格式化和数据清理等。各项工作并不需要预先规定好执行顺序,而且数据准备工作还有可能多次执行,没有任何规定的顺序。

1.2.4　建模

在这个阶段,可以选择和应用不同的模型技术,模型参数被调整到最佳的数值。一般地,有些技术可以解决一类相同的数据分析问题,有些技术在数据形成上有特殊要求。因此,需要经常跳回到数据准备阶段。建模阶段包含选择建模技术、生成测试设计、生成模型、模型评价等。

1.2.5　评估

到项目的这个阶段,已经从数据分析的角度建立了一个高质量显示的模型。在开始最后部署模型之前,首先要彻底地评估模型,检查构造模型的步骤,确保模型可以完成业务目标。这个阶段的关键目的是确定是否有重要业务问题没有被充分考虑。在这个阶段结束后,一个数据分析结果使用的决定必须达成。模型评估阶段包括结果评价、过程再检验、后续阶段检验等。

1.2.6　部署

通常,模型的创建不是项目的结束。模型的作用是从数据中找到知识,获得的知识需要根据便于用户使用的原则重新组织和展现。根据需求,这个阶段可以产生简单的报告,或是实现一个比较复杂、可重复的数据分析过程。在很多案例中,这个阶段是由客户而不是数据分析人员承担部署的工作。

1.3　数据分析的作用

数据分析是把隐藏在一大批看似杂乱无章的数据背后的信息集中和提炼出来,总结出所研究对象的内在规律。数据分析在企业的日常经营分析中有三大作用。

1.3.1 现状分析

现状分析。说明过去发生了什么。通过数据分析可以清晰地了解到问题发生的原因、整体情况，帮助做出合理的规划。可以清楚地了解到每项业务的发展及变化。例如，通过各项经营指标的完成情况来衡量企业的运营状态；说明企业各项业务的构成，能迅速了解企业各项业务的发展及变动情况。

对企业的现状分析一般通过日常通报来完成，如日报、周报、月报等形式。例如，电商类型网站的日报中的现状分析会包括订单数、新增用户数、活跃率、留存率等指标同比或环比上涨还是降低。

1.3.2 原因分析

原因分析。说明某一现状为什么发生。根据现状分析，结合原因，可以帮助进行下一步的决策。例如，经过第一阶段的现状分析，对企业的运营情况有基本了解，但不知道运营情况具体好在哪里，差在哪里，是什么原因引起的。这就需要进行原因分析。

原因分析一般是通过专题分析来完成的，根据企业运营情况选择针对某一现状进行原因分析。例如，如果某电商网站某一天的日报中某件商品的销量突然增加，那么需要针对这件商品销量突然增加做专题分析，看是什么因素影响了该商品的销量。也可以用于分析活跃率、留存率等下降或升高的原因。

1.3.3 预测分析

预测分析。说明将来会发生什么。在了解企业运营状况以后，有时还需要对企业未来的发展趋势做出预测，为制定企业运营目标及策略提供有效的参考与决策依据，以保证企业的可持续健康发展。

预测分析一般通过专题分析来完成，通常在制订企业季度、年度计划时进行。例如，通过上述原因分析，我们可以有针对性地制定出一些政策。比如，通过原因分析，我们可以得出面包的销量在台风来临之际会突增，那么我们在下次台风来临之前就应该多准备面包货源，为获得更多的销量做一系列准备。

1.4　常用的数据分析工具

目前主流的数据分析工具有 SAS、SPSS、R、Python、MATLAB Excel。具体如下：

(1)SAS：这是一款功能非常齐全的统计软件，提供的主要分析功能包括统计分析、经济计量分析、时间序列分析、决策分析、财务分析和全面质量管理工具等。尽管价格不菲，许多公司还是因为其功能众多而被一些政府机构认可而使用。SAS 是用汇编语言编写而成的，通常使用 SAS 需要编写程序，比较适合统计专业人员使用。

(2)SPSS：这是一款很受欢迎的统计软件。它易学易用，统计方法齐全，绘制图形、表格方便，输出结果清晰、直观，价格合理，对非统计工作者来说，是很好的选择。

(3)R：这是一款开源的软件，有不断加入的各个方向的统计学家编写的统计软件包，可以从网上不断更新和增加有关的软件包和程序。这是发展最快的软件，受到世界上统计人员的欢迎,是用户量增加最快的统计软件。对一般非统计工作者来说,主要问题是它没有"傻瓜化"。

（4）Python:这是一款面向对象的计算机编程语言,具有简洁、开发效率高、可扩展性强、开源免费等特性。Python 的主要应用包括网站开发、网络爬虫、科学计算、图形用户界面,在各个方面都提供了完善的开发框架。在科学计算方面,Python 具有非常成熟的数据分析包,这使得 Python 成为一款非常适合数据科学的工具。

（5）MATLAB:这是一款用于算法开发、数据可视化、数据分析以及数值计算的高级技术计算语言和交互式环境。MATLAB 可以进行矩阵运算、绘制函数和数据、实现算法、创建用户界面、连接其他编程语言的程序等,主要应用于工程计算、控制设计、信号处理与通信、图像处理、信号检测、金融建模设计与分析等领域。

（6）Excel:作为一款数据表格软件,Excel 的特点是对表格的管理和统计图制作功能强大,容易操作。其数据分析插件 XLSTAT 也能进行数据统计分析,但不足是运算速度慢、统计方法不全。

常见的数据分析工具对比见表 1-1。

表 1-1　常见的数据分析工具对比

	操作	编程		
	SPSS	SAS	R	Python	MATLAB
主导优势	多元横截面数据	数据管理及挖掘	算法及绘图	算法、爬虫、泛型编程	数值分析、复杂模型
应用领域	通信、政府、金融、制造、医药、教育等	市场调研、医药研发、能源公共事业、金融管理等	学术研究、医药研发、信息技术	学术研究、信息技术	电力、建筑等工程领域
处理功能	推断及多元统计	批量数据集	统计分析,数据挖掘	统计分析,数据挖掘	统计预测,优化建模
界面设计	简易、可视化	语言机械规范化	语言丰富、灵活	语言丰富、灵活	偏向底层
数据安全	大数据易丢失	软件稳定	软件稳定	软件稳定	软件稳定
处理效率	低,不适宜大数据	高,稳定	极适合大量数据	极适合大量数据	高,稳定
结合形式	Excel	Excel,txt	所有	所有	所有

第 2 章 Python 编程基础

如果之前没有学习过 Python 或对 Python 了解甚少,亦或是想要再复习一遍 Python 的基础知识,请认真学习本章内容。本章主要介绍 Python 开发环境搭建、Python 基础语法、数据类型、程序控制结构、函数、模块等内容。

2.1 Python 开发环境搭建

Python 由荷兰研究员 Guidovan Rossum 于 1989 年发明,并于 1991 年公开发行第一个版本。目前 Python 有两个版本,即 Python 2.X 和 Python 3.X,但是它们之间不完全兼容。由于 Python 3.X 功能更加强大,代表了 Python 的未来,因此,本书建议学习 Python 3.X。

为了便于进行数据分析,本书推荐使用 Anaconda 进行 Python 安装、环境配置及工具包管理,并使用 Jupyter Notebook 进行程序的编辑和运行。

2.1.1 Anaconda

Anaconda 是 Python 的一个科学计算发行版,包含了 conda、Python 等 180 多个科学包及其依赖项,具有开源免费、依赖包安装方便、多平台支持、多环境切换等优点。安装 Anaconda 后就默认安装了 Python、Jupyter Notebook 和 Spyder 等工具,同时可以帮助我们节省大量下载模块包的时间,因此,非常适合数据科学领域的开发。

1. 下载 Anaconda 安装包

打开 Anaconda 官方网站(https://www.anaconda.com/),点击 Products→Anaconda Distribution,会看到如图 2-1 所示的页面。请读者根据自己的计算机操作系统,选择相应版本的 Anaconda 安装包进行下载。

图 2-1 下载 Anaconda 安装包

2.　安装 Anaconda

　　双击下载好的安装包,根据提示一步步点击 Next,其中,安装路径可以自己指定,也可以选择默认安装路径。另外,在图 2-2 所示的安装界面中,需要把两个选择框都勾上,以便自动添加环境变量,并将 Anaconda 设置为默认的 Python 版本。安装完成后关闭窗口即可。

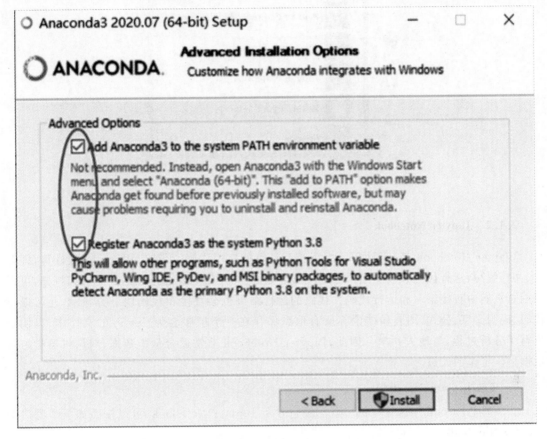

图 2-2　添加环境变量

3.　在开始菜单查看 Anaconda

　　装好 Anaconda 之后,可以在开始菜单进行查看,会看到安装好的 Anaconda 中包含如图 2-3 所示的组件。

　　(1)Anaconda Navigator:Anaconda 发行包中包含的图形用户界面,可以用来方便地启动应用、管理工具包和环境。

　　(2)Anaconda Prompt:Anaconda 提供的命令行工具,最常用的是 conda 命令。

　　(3)Anaconda Powershell Prompt:与 Anaconda Prompt 功能类似,支持更多的 Linux 命令。

　　(4)Jupyter Notebook:基于 Web 的交互式计算环境,可以编辑易于人们阅读的文档,用于展示数据分析的过程。

　　(5)Spyder:一个使用 Python 语言、跨平台的科学运算集成开发环境。

（6）Reset Spyder Settings：用于重置 Spyder 的设置。

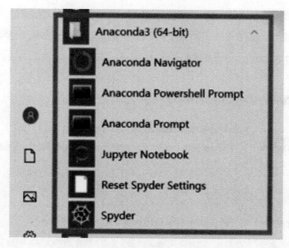

图 2-3　在开始菜单查看 Anaconda

2.1.2　Jupyter Notebook

Jupyter Notebook 是基于网页、用于交互计算的应用程序，可被应用于全过程计算，即开发、文档编写、运行代码和展示结果。简而言之，Jupyter Notebook 是以网页的形式打开，可以在网页页面中直接编写和运行代码。代码的运行结果也会直接在代码块下方显示，还可以将代码、说明文字、公式、图表和结论等所有信息保存在一个扩展名为 .ipynb 的文件中，以便重现整个分析过程，与他人共享。因此，Jupyter Notebook 非常适合从事数据分析、机器学习等数据科学工作的人员。

1. 启动 Jupyter Notebook

安装好 Anaconda 后，计算机中就已经包含了 Jupyter Notebook，可以按照如下步骤启动 Jupyter Notebook：

（1）打开 CMD 命令窗口，切换到指定目录（即保存 .ipynb 文件的目录）。也可以在指定目录上按住 Shift 键，同时点击鼠标右键，然后点击"在此处打开命令窗口"或"在此处打开 Powershell 窗口"。

（2）在打开的命令窗口或 Powershell 窗口中，输入命令 jupyter notebook，按 Enter 键，就可以启动 Jupyter Notebook 编辑器（注意：在使用 Jupyter Notebook 期间，不要关闭该命令窗口或 Powershell 窗口）。

（3）启动之后，Jupyter Notebook 将在默认浏览器中打开，网址为 http://localhost:8888/tree。在某些情况下，有可能无法自动打开。这种情况下，命令窗口或 Powershell 窗口中会生成一个带有令牌密钥（token key）的网址，此时需要将整个 URL（包括令牌密钥）复制粘贴到浏览器中。

打开 Jupyter Notebook 主界面后，会在顶部看到三个选项卡：Files（文件）、Running（运行）和 Clusters（集群），如图 2-4 所示。Files 基本上列出了所有的文件，可以通过勾选文件的方式，对选中文件进行复制、重命名、移动、下载、查看、编辑和删除等操作。Running 显示当前已经打开的 Terminals(终端)和 Notebooks(笔记本)。Clusters 由 IPython parallel 包提供,用于并行计算。

图 2-4　Jupyter Notebook 主界面

2. 创建 Notebook

在如图 2-4 所示的 Jupyter Notebook 主页面中,点击右上方的 New 按钮,会出现一个下拉列表。点击其中的"Python 3"选项可以创建一个.ipynb 格式的 Notebook,用于编写和运行代码;点击"Text File"选项可以创建一个.txt 格式的文本文档;点击"Folder"选项可以创建一个文件夹;点击"Terminal"选项可以创建一个终端。

这里我们点击"Python 3"创建一个 Notebook,进入编辑器界面,如图 2-5 所示。编辑器是 Jupyter Notebook 的内容编辑工具,其界面可以分为 6 部分:

(1)标题栏:显示文件名、文件保存状态。

(2)菜单栏:显示编辑器菜单。

(3)工具栏:显示编辑器常用工具按钮。

(4)单元格:Notebook 的主要组成部分,用于编辑代码、文本等。

(5)单元格状态栏:显示单元格的模式。

(6)内核状态栏:显示内核的状态。

图 2-5　Jupyter Notebook 编辑器界面

3. Jupyter Notebook 的两种键盘输入模式

Jupyter Notebook 有两种键盘输入模式:编辑模式(Edit Mode)和命令模式(Command Mode)。在不同模式下我们可以进行不同的操作。

（1）编辑模式。在编辑模式下，用户可以在单元格内编辑代码或文本。此时，右上角会出现一支铅笔的图标，单元格边框和左侧边框线均为绿色，如图 2-6 所示。按 Enter 键或双击单元格将变为编辑模式。

图 2-6　Jupyter Notebook 编辑模式

（2）命令模式。命令模式将键盘命令与 Jupyter Notebook 笔记本命令相结合，可以通过键盘不同键的组合运行笔记本的命令。在命令模式下，右上角的铅笔图标消失，单元格边框为灰色，且左侧边框线为蓝色粗线条，如图 2-7 所示。按 Esc 键或运行单元格（Ctrl-Enter）将变为命令模式。

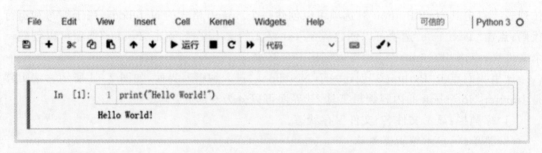

图 2-7　Jupyter Notebook 命令模式

4. Jupyter Notebook 常用快捷键

Jupyter Notebook 提供的键盘快捷键非常多，熟练掌握常用快捷键可以为我们节省大量时间。两种模式下的快捷键分别见表 2-1、表 2-2。

表 2-1　编辑模式下的快捷键

快捷键	功　能	快捷键	功　能
Tab	代码补全或缩进	Ctrl-Backspace	删除前面一个字
Shift-Tab	提示	Ctrl-Delete	删除后面一个字
Ctrl-]	缩进	Esc	进入命令模式
Ctrl-[	解除缩进	Ctrl-M	进入命令模式
Ctrl-A	全选	Shift-Enter	运行本单元，选中下一单元
Ctrl-Z	复原	Ctrl-Enter	运行本单元
Ctrl-Shift-Z	再做	Alt-Enter	运行本单元，在下面插入一单元

续 表

快捷键	功　能	快捷键	功　能
Ctrl-Y	再做	Ctrl-Shift--	分割单元
Ctrl-Home	跳到单元开头	Ctrl-Shift-Subtract	分割单元
Ctrl-Up	跳到单元开头	Ctrl-S	文件存盘
Ctrl-End	跳到单元末尾	Shift	忽　略
Ctrl-Down	跳到单元末尾	Up	光标上移或转入上一单元
Ctrl-Left	跳到左边一个字首	Down	光标下移或转入下一单元
Ctrl-Right	跳到右边一个字首		

表 2-2　命令模式下的快捷键

快捷键	功　能	快捷键	功　能
Enter	转入编辑模式	X	剪切选中的单元
Shift-Enter	运行本单元,选中下个单元	C	复制选中的单元
Ctrl-Enter	运行本单元	Shift-V	粘贴到上方单元
Alt-Enter	运行本单元,在其下插入新单元	V	粘贴到下方单元
Y	单元转入代码状态	Z	恢复删除的最后一个单元
M	单元转入 markdown 状态	D,D	删除选中的单元
R	单元转入 raw 状态	Shift-M	合并选中的单元
1	设定 1 级标题	Ctrl-S	文件存盘
2	设定 2 级标题	S	文件存盘
3	设定 3 级标题	L	转换行号
4	设定 4 级标题	O	转换输出
5	设定 5 级标题	Shift-O	转换输出滚动
6	设定 6 级标题	Esc	关闭页面
Up	选中上方单元	Q	关闭页面
K	选中上方单元	H	显示快捷键帮助
Down	选中下方单元	I,I	中断 Notebook 内核
J	选中下方单元	0,0	重启 Notebook 内核
Shift-K	扩大选中上方单元	Shift	忽　略
Shift-J	扩大选中下方单元	Shift-Space	向上滚动
A	在上方插入新单元	Space	向下滚动
B	在下方插入新单元		

2.2　Python 基础语法

2.2.1　标识符命名规范

标识符的主要作用是作为变量、函数、类、模块以及其他对象的名称。Python 中标识符的命名不是随意的,而是要遵守一定的命令规则。具体如下:

(1)标识符是由字符(A~Z 和 a~z)、下画线和数字组成,但第一个字符不能是数字。

(2)标识符不能和 Python 中的关键字相同。关键字是 Python 中一些已经被赋予特定意义的单词。可以通过如下命令来查看 Python 中的关键字。

```
1. import keyword
2. keyword. kwlist
```

运行结果如下:

```
['False', 'None', 'True', 'and', 'as', 'assert', 'async', 'await', 'break', 'class', 'continue', 'def', 'del', 'elif', 'else', 'except', 'finally', 'for', 'from', 'global', 'if', 'import', 'in', 'is', 'lambda', 'nonlocal', 'not', 'or', 'pass', 'raise', 'return', 'try', 'while', 'with', 'yield']
```

(3)Python 中的标识符中不能包含空格、@、% 以及 $ 等特殊字符。

(4)在 Python 中,标识符中的字母是严格区分大小写的。

(5)Python 中,以下划线开头的标识符有特殊含义,因此,除非特定场景需要,应避免使用以下划线开头的标识符。

2.2.2　缩进

和其他程序设计语言(如 Java、C 语言)采用大括号"{}"分隔代码块不同,Python 采用代码缩进和冒号:来区分代码块之间的层次。

在 Python 中,对于类定义、函数定义、流程控制语句、异常处理语句等,行尾的冒号和下一行的缩进,表示下一个代码块的开始,而缩进的结束则表示此代码块的结束。例如:

```
1. if True:
2. print("right")
```

运行结果如下:

```
right
```

Python 对代码的缩进要求非常严格,同一个级别代码块的缩进量必须一样,否则,解释器会报错。例如:

```
1. if True:
2. print("right")
3. print("wrong")
```

运行结果如下:

```
IndentationError: unindent does not match any outer indentation level
```

2.2.3　注释

注释用来向用户提示或解释某些代码的作用和功能,可以出现在代码中的任何位置。Python 解释器在执行代码时会忽略注释,不做任何处理。

Python 支持单行注释和多行注释。

(1)单行注释:使用 ♯ 作为单行注释的符号。例如:

```
1. ♯这是在代码之前的一个注释。
2. shot_id = 1♯ 这是在代码所在行的一个注释。
3. ♯这是在代码之后的一个注释。
```

(2)多行注释:在注释内容的开始和结尾分别使用三个单引号"'"或双引号 """"来注释多行内容。例如:

```
1. '''
2. 这是第 1 行注释。
3. 这是第 2 行注释。
4. '''
5.
6. """
7. 这是第 3 行注释。
8. 这是第 4 行注释。
9. """
```

2.2.4　内置函数

Python 解释器自带的函数叫作内置函数。这些函数可以直接使用,不需要导入某个模块。下面介绍 Python 中最常用的几种内置函数。

1. print()函数

print()函数用于以指定的格式输出信息。语法格式如下:

$$\text{print(value1, value2, \cdots, sep='', end='\textbackslash n')}$$

其中,

· sep 参数之前的 value1、value2 等参数为需要输出的内容(可以有多个)。

· sep 参数用于指定数据之间的分隔符,若不指定,则默认为空格。

· end 参数表示输出完所有数据之后的结束符,若不指定,则默认为换行符。

例如:

```
1. shot_id = 2
2. print(shot_id) ♯ 此行打印变量 shot_id 的值
3. print(shot_id + 3) ♯ 此行打印变量 shot_id 加上 3 的结果
4. print("shot_id + 3 =",shot_id + 3) ♯ 此行将等式打印出来
```

运行结果如下:

```
2
5
shot_id + 3 = 5
```

2. input()函数

input()函数从控制台获得用户输入。语法格式如下：

<变量>= input(<提示性文字>)

其中,获得的用户输入以字符串的形式保存在<变量>中。

3. type()函数

type()函数返回对象的类型。

4. len()函数

len()函数返回对象(字符、列表、元组等)的长度或项目的个数。

2.3　Python 数据类型

Python 3. X 中有六个标准的数据类型:数字(number)、字符串(str)、元组(tuple)、列表(list)、字典(dict)和集合(set)。除数字类型之外,其他五种类型都属于容器数据类型,也称为序列数据类型,是指按特定顺序依次排列的一组数据,可以占用一块连续的内存,也可以分散到多块内存中,可用于保存大量数据。

2.3.1　数字

数字类型包括整型(int)、浮点型(float)、复数类型(complex)、布尔型(bool)。

1. 整型

Python 的整数类型包括正整数、0 和负整数,不带小数点。在 Python 3. X 中,只有一种整数类型 int。Python 整型的取值范围是无限的,不管多大或多小的数字,Python 都能轻松处理。例如:

```
1. a = 105
2. print(a, type(a))
```

运行结果如下:

```
105 <class 'int'>
```

2. 浮点型

浮点型的取值为小数,当计算有精度要求时被使用。因为小数点可以在相应的二进制的不同位置浮动,所以称为浮点数。例如:

```
1. print(1, type(1))
2. print(1., type(1. ))
```

运行结果如下:

```
1 <class 'int'>
1.0 <class 'float'>
```

可以看到,加一个小数点就可以创建浮点数。

3. 复数类型

复数由实部(real)和虚部(imag)构成。在 Python 中,复数的虚部以 j 或 J 作为后缀,具体格式为 $a + bj$,其中 a 表示实部,b 表示虚部。例如:

```
1. b = 2.5 + 1.7j
2. print(b, type(b))
```

运行结果如下:

```
(2.5+1.7j) <class 'complex'>
```

4. 布尔型

布尔型表示真(对)或假(错),只有 True 和 False 两种值。当把布尔型变量用在数字运算中,用 1 和 0 代表 True 和 False。例如:

```
1. T = True
2. F = False
3. print(T + 5)
4. print(F - 3)
```

运行结果如下:

```
6
-3
```

除直接给变量赋值 True 和 False 之外,还可以用 bool(X)来创建布尔型变量,其中 X 可以是:

· 数字类型:整型、浮点型、复数类型、布尔型。只要 X 不是整型 0、浮点型 0.0、复数类型 0j、布尔型 False,bool(X)就是 True,其余就是 False。

· 容器类型:字符串、元组、列表、字典和集合。只要 X 不是空的变量,bool(X)就是 True,其余就是 False。

总之,确定 bool(X)的值是 True 还是 False,就看 X 是不是空的变量,空的变量的话就是 False,不空的话就是 True。

此外,两个布尔变量 P 和 Q 的逻辑运算的结果见表 2-3。

表 2-3　布尔变量逻辑运算结果

P	Q	not P	P and Q	P or Q
True	True	False	True	True
False	True	True	False	True
True	False	False	False	True
False	False	True	False	False

2.3.2　字符串

若干个字符的集合就是一个字符串。Python 中的字符串必须由双引号""或单引号''包围。字符串的内容可以包含字母,标点符号,特殊符号,中文、日文等全世界的所有文字。

1. 创建字符

```
1. t1 = 'i love Python!'
2. print(t1, type(t1))
3. t2 = "I love Python!"
4. print(t2, type(t2))
```

运行结果如下：

```
i love Python! <class 'str'>
I love Python! <class 'str'>
```

字符串的常见内置方法有：

- capitalize()：把句首的字母大写。
- split()：把句子分成单词。
- find(x)：找到给定词 x 在句中的索引，找不到返回 −1。
- replace(x,y)：把句中 x 替代成 y。
- strip(x)：删除句首或句末含 x 的部分。

```
1. t1. capitalize()
```

运行结果如下：

```
'I love python!'
```

```
1. t2. split()
```

运行结果如下：

```
['I', 'love', 'Python!']
```

```
1. print(t1. find('love'))
2. print(t1. find('like'))
```

运行结果如下：

```
2
−1
```

```
1. t2. replace('love', 'am learning')
```

运行结果如下：

```
'I am learning Python!'
```

```
1. print('https://www. python. org'. strip('https:/'))
2. print('https://www. python. org'. strip('. org'))
```

运行结果如下：

```
www. python. org
https://www. python
```

2. 索引和切片

简单地说，索引是获取单个元素，切片是获取一组元素。Python 中的索引和切片具有以下特点：

- 索引位置从 0 开始。
- 切片通常写成 start：end：step 这种形式，返回从起始索引位置 start 开始，以步长 step（默认为 1）为间隔，到最后索引位置 stop 之前的元素（即不包括最后索引位置 stop 的元素）。
- 索引值可正可负。正索引从 0 开始，从左往右；负索引从 −1 开始，从右往左。使用负数索引时，会从最后一个元素开始计数，最后一个元素的位置编号是 −1。

例如：

```
1. s = 'Python'
2. print(s)
3. print(s[2:4])
4. print(s[−5:−2])
5. print(s[2])
6. print(s[−1])
```

运行结果如下：

```
Python
th
yth
t
n
```

2.3.3　元组

元组是一个有序的序列结构，其中元素可以有不同的类型。需要注意的是，元组中的元素是不可变的，即一旦初始化之后，就不能够再做修改。

（1）优点：占内存小，安全，创建遍历速度比列表快，可一赋多值。

（2）缺点：不能添加和更改元素。

1. 创建元组

元组的定义语法如下：

```
(元素 1，元素 2，…，元素 n)
```

创建元组可以使用小括号，也可以省略小括号。例如：

```
1. t1 = (6, 9.23, 'hello')
2. t2 = 6, 9.23, 'hello'
3. print(t1, type(t1))
4. print(t2, type(t2))
```

运行结果如下：

```
(6, 9.23, 'hello') <class 'tuple'>
(6, 9.23, 'hello') <class 'tuple'>
```

此外,对于含单个元素的元组,务必记住要多加一个逗号。例如:

```
1. print(type(('python')))    # 没有逗号,
2. print(type(('python',)))   # 有逗号,
```

运行结果如下:

```
<class 'str'>
<class 'tuple'>
```

通过上面的例子可以看出,没加逗号来创建含单个元素的元组,Python 会认为它是字符串。元组中的元素可以有不同的类型,包括元组本身。例如:

```
1. t3 = (6, 9.23, 'hello'), ('python',), 50.9
2. print(t3, type(t3))
```

运行结果如下:

```
((6, 9.23, 'hello'), ('python',), 50.9) <class 'tuple'>
```

2. 索引和切片

可以对元组进行索引和切片,方法与字符串的索引和切片方法类似。接着上面的例子,先看看索引的代码:

```
1. print(t3[0])
2. print(t3[0][1])
```

运行结果如下:

```
(6, 9.23, 'hello')
9.23
```

再看看切片的代码:

```
1. print(t3[0][0:2])
```

运行结果如下:

```
(6, 9.23)
```

3. 不可更改

元组具有不可更改的性质,因此,不能直接给元组的元素赋值,否则会报"元组不支持元素赋值"错误提示。例如:

```
1. t = ('python', [1, 2, 3], True)
2. t[2] = False
```

运行结果如下:

```
TypeError: 'tuple' object does not support item assignment
```

但是只要元组中的元素可更改,我们就可以直接更改其元素。注意这跟给元素赋值不同。如下例,t[1]是列表,其内容可以更改,因此,使用 append()方法在列表的最后增加一个元素是可以的。

```
1. t[1].append(4)
2. print(t)
```

运行结果如下：

```
('python', [1, 2, 3, 4, 4], True)
```

4. 内置方法

元组的大小和内容都不可更改，因此，只有 count() 和 index() 两个内置方法。其中：

- count() 是记录元组中某元素出现的次数。
- index() 是找到某元素在元组中的索引位置。

例如：

```
1. t = (6, 9.23, 6, 'hello')
2. print(t.count(6))
3. print(t.index(9.23))
```

运行结果如下：

```
2
1
```

2.3.4　列表

列表是一个有序的序列结构，序列中的元素可以是不同的数据类型。

（1）优点：灵活好用、可索引、可切片、可更改、可附加、可插入、可删除。

（2）缺点：与元组相比，创建和遍历速度较慢，更占内存。此外，查找和插入的时间较长。

1. 创建列表

列表的定义语法如下：

$$[元素1, 元素2, \cdots, 元素 n]$$

例如：

```
1. l = [6, 9.23, 'hello']
2. print(l, type(l))
```

运行结果如下：

```
[6, 9.23, 'hello'] <class 'list'>
```

2. 内置方法

与元组不同，列表的内容可以修改，因此，可以对列表进行附加（append、extend）、插入（insert）、删除（remove、pop）等操作。

（1）附加。

append() 和 extend() 都可以在列表的最后附加元素，它们的区别如下：

- append() 是追加，即将某对象作为一个整体添加在列表的最后。
- extend() 是扩展，即将某对象中的所有元素添加在列表的最后。

例如：

```
1. l. append([4，3])
2. print(l)

3. l. extend([1. 5，2. 0，'OK'])
4. print(l)
```

运行结果如下：

```
[6，9. 23，'hello'，[4，3]]
[6，9. 23，'hello'，[4，3]，1. 5，2. 0，'OK']
```

（2）插入。

insert(i, x)是在索引位置i的前面插入元素x。例如：

```
1. l. insert(1，'abc')
2. print(l)
```

运行结果如下：

```
[6，'abc'，9. 23，'hello'，[4，3]，1. 5，2. 0，'OK']
```

（3）删除。

remove()和 pop()都可以删除列表中的元素，它们的区别如下：

- remove()是指定具体要删除的元素。
- pop()是指定要删除元素的索引位置，并返回该元素的值。

例如：

```
1. l. remove('hello')
2. print(l)
```

运行结果如下：

```
[6，'abc'，9. 23，[4，3]，1. 5，2. 0，'OK']
```

```
1. p = l. pop(3)
2. print(p)
3. print(l)
```

运行结果如下：

```
[4，3]
[6，'abc'，9. 23，1. 5，2. 0，'OK']
```

3. 索引和切片

先看下面两个例子：

```
1. l = [7，2，9，10，1，3，7，2，0，1]
2. l[1:5]
```

运行结果如下：

```
[2，9，10，1]
```

```
1. l[-4:]
```

运行结果如下：

```
[7, 2, 0, 1]
```

列表可更改,因此,可以用切片来赋值。

```
1. l[2:4] = [999, 1000]
2. l
```

运行结果如下：

```
[7, 2, 999, 1000, 1, 3, 7, 2, 0, 1]
```

2.3.5　字典

字典是一种大小可变的键值对集,其中的键(key)和值(value)都是 Python 的对象,常用于需要高速查找的地方。

(1)优点:查找和插入速度快。

(2)缺点:占内存大。

1. 创建字典

字典的定义语法如下：

$$\{元素 1, 元素 2, \cdots, 元素 n\}$$

其中,每个元素都是一个键值对,即“键:值”。

例如：

```
1. d = {
2. 'Name': 'Tencent',
3. 'Country': 'China',
4. 'Industry': 'Technology',
5. 'Code': '00700. HK',
6. 'Price': '361 HKD'
7. }
8. print( d, type(d) )
```

运行结果如下：

```
{'Name': 'Tencent', 'Country': 'China',
'Industry': 'Technology', 'Code': '00700. HK',
'Price': '361 HKD'} <class 'dict'>
```

2. 内置方法

字典中最常用的三个内置方法是 keys()、values()和 items(),分别是获取字典的键、值、对。

```
1. print( list(d. keys()), '\n' )
2. print( list(d. values()), '\n' )
3. print( list(d. items()) )
```

运行结果如下：

```
['Name', 'Country', 'Industry', 'Code', 'Price', 'Headquarter']
['Tencent', 'China', 'Technology', '00700. HK', '359 HKD', 'Shen Zhen']

[('Name', 'Tencent'), ('Country', 'China'),
 ('Industry', 'Technology'), ('Code', '00700. HK'),
 ('Price', '359 HKD'), ('Headquarter', 'Shen Zhen')]
```

此外，字典也有添加、获取、更新、删除等操作。

（1）添加。

例如，添加一个键值对"总部:深圳"。

```
1. d['Headquarter'] = 'Shen Zhen'
2. d
```

运行结果如下：

```
{'Name': 'Tencent',
 'Country': 'China',
 'Industry': 'Technology',
 'Code': '00700. HK',
 'Price': '361 HKD',
 'Headquarter': 'Shen Zhen'}
```

（2）获取。

例如，通过以下两种方法都可以获取腾讯的股价。

```
1. print( d['Price'] )
2. print( d. get('Price') )
```

运行结果如下：

```
359 HKD
359 HKD
```

（3）更新。

例如，更新腾讯的股价到 359 港币。

```
1. d['Price'] = '359 HKD'
2. d
```

运行结果如下：

```
{'Name': 'Tencent',
 'Country': 'China',
 'Industry': 'Technology',
 'Code': '00700. HK',
 'Price': '359 HKD',
 'Headquarter': 'Shen Zhen'}
```

（4）删除。

例如，去掉股票代码（code）。

```
1. del d['Code']
2. d
```

运行结果如下：

```
{'Name': 'Tencent',
'Country': 'China',
'Industry': 'Technology',
'Price': '359 HKD',
'Headquarter': 'Shen Zhen'}
```

或者像列表中的 pop()函数一样，删除行业（industry）并返回。

```
1. print( d.pop('Industry') )
2. d
```

运行结果如下：

```
Technology

{'Name': 'Tencent',
'Country': 'China',
'Price': '359 HKD',
'Headquarter': 'Shen Zhen'}
```

3. 不可更改键

字典中的键是不可更改的，因此，只有那些不可更改的数据类型才能作为键，如整型、浮点型、布尔型、字符串、元组，而列表不行，因为它可更改。例如：

```
1. d = {
2. 2: 'integer key',
3. 10.31: 'float key',
4. True   : 'boolean key',
5. ('OK', 3): 'tuple key'
6. }
7. d
```

运行结果如下：

```
{2: 'integer key',
10.31: 'float key',
True: 'boolean key',
('OK', 3): 'tuple key'}
```

虽然有些奇怪，但是 2，10.31，True，（'OK',3)确实能作为键。有个地方需要注意一下，True 其实和整数 1 是一样的，由于键不能重复，因此，当把 2 改成 1 时，就会发现字典只会取其中的一个键。例如：

```
1. d = {
2.   1: 'integer key',
3.   10.31: 'float key',
4.   True: 'boolean key',
5.   ('OK', 3): 'tuple key'
6. }
7. d
```

运行结果如下：

```
{1: 'boolean key',
10.31: 'float key',
('OK', 3): 'tuple key'}
```

2.3.6 集合

集合是一种无序集，是一组键的集合，不存储值。在集合中，重复的键是不被允许的。因此，集合可以用于去除重复值。同时，集合也可以进行数学集合运算，如并、交、差及对称差等。

（1）优点：不用判断重复的元素。

（2）缺点：不能存储可变对象。

1. 创建集合

集合有两种定义语法：

第一种如下：

```
{元素 1, 元素 2, …, 元素 n}
```

第二种是用 set() 函数，把列表或元组转换成集合。

```
set(列表或元组 )
```

例如：

```
1. A = set(['u', 'd', 'ud', 'du', 'd', 'du'])
2. B = {'d', 'dd', 'uu', 'u'}
3. print( A )
4. print( B )
```

运行结果如下：

```
{'d', 'du', 'u', 'ud'}
{'d', 'dd', 'u', 'uu'}
```

从 A 的结果可以发现集合的两个特点：无序和唯一。由于 set 存储的是无序集合，因此，我们没法通过索引来访问，但是可以判断一个元素是否在集合中。例如：

```
1. B[1]
```

运行结果如下：

```
TypeError: 'set' object does not support indexing
```

```
1. 'ư in B
```

运行结果如下：

```
True
```

2. 内置方法

集合的内置方法就是把它当成是数学上的集合，进行并集、交集、差集、异或等集合运算。

（1）并集 OR。

```
1. print( A. union(B) )
2. print( A | B )
```

运行结果如下：

```
{'uư', 'dd', 'd', 'ư', 'du', 'ud'}
{'uư', 'dd', 'd', 'ư', 'du', 'ud'}
```

（2）交集 AND。

```
1. print( A. intersection(B) )
2. print( A & B )
```

运行结果如下：

```
{'d', 'ư'}
{'d', 'ư'}
```

（3）差集 $A - B$。

```
1. print( A. difference(B) )
2. print( A - B )
```

运行结果如下：

```
{'ud', 'du'}
{'ud', 'du'}
```

（4）异或 XOR。

```
1. print( A. symmetric_difference(B) )
2. print( A ^ B )
```

运行结果如下：

```
{'ud', 'du', 'dd', 'uư'}
{'ud', 'du', 'dd', 'uư'}
```

2.4　程序控制结构

Python 中程序代码的执行是有顺序的。有的程序代码会从上到下按顺序执行，有的程序代码会选择不同的分支去执行，而有的程序代码会循环执行。这是因为在 Python 中是有相应的控制语句进行标识的。控制语句能够控制某些代码段的执行方式，我们把这些具有不同功能的控制语句称为控制结构。

2.4.1 选择结构

在 Python 中,可以使用 if else 语句对条件进行判断,然后根据不同的结果执行不同的代码,这称为选择结构或分支结构。

Python 中的 if else 语句可以细分为三种形式,分别是 if 语句、if-else 语句和 if-elif-else 语句。

1. if 语句

给定二元条件,满足做事,不满足不做事。例如:

```
1. if x > 0:
2. print( 'x is positive' )
```

2. if-else 语句

给定二元条件,满足做事 A,不满足做事 B。例如:

```
1. if x % 2 == 0:
2. print( 'x is even' )
3. else:
4. print( 'x is odd' )
```

3. if-elif-else 语句

给定多元条件,满足条件 1 做事 A_1,满足条件 2 做事 A_2,…,满足条件 n 做事 A_n。直到把所有条件遍历完。例如:

```
1. if x < y:
2. print( 'x is less than y' )
3. elif x > y:
4. print( 'x is greater than y' )
5. else:
6. print( 'x and y are equal' )
```

2.4.2 循环结构

对于循环结构,Python 中有 while 循环结构和 for 循环结构。

1. while 循环结构

while 循环在条件(表达式)为真的情况下,会执行相应的代码块。while 循环适用于确定满足条件而不确定需要的循环次数的情况。例如:

```
1. n = 5
2. while n > 0:
3.     print(n)
4.     n = n-1
5. print('I love Python')
```

运行结果如下：

```
5
4
3
2
1
I love Python
```

2. for 循环结构

for 循环常用于遍历字符串、列表、元组、字典、集合等序列类型，逐个获取序列中的各个元素，并依次处理。例如：

```
1. languages = ['Python', 'R', 'Matlab', 'C++']
2. for language in languages：
3.     print('I love', language)
4. print('Done!')
```

运行结果如下：

```
I love Python
I love R
I love Matlab
I love C++
Done!
```

2.5　函　数

函数是带名字的代码块，用于完成具体的工作。在程序中反复多次执行同一项任务时，无需反复编写完成该任务的代码，只需调用执行该任务的函数，让 Python 运行其中的代码。因此，通过使用函数，程序的编写、阅读、测试和修复都将更容易。

2.5.1　函数的定义和调用

定义函数的语法格式如下：

```
def <function_name>(arg1, arg2, …, argN)：
                <statements>
                   return
```

其中，各部分的含义如下：
- def：定义函数的关键字。
- function_name：函数名。
- arg1, arg2, …, argN：函数参数，即形参。
- statements：函数主体。
- return：函数返回值。注意，在 Python 中，有些函数什么都不返回。什么都不返回的函数不包含 return 语句,或者包含 return 语句,但没有在 return 后面指定值。此时,函数执行完毕返回结果为 None。

调用函数的语法格式如下:

> function_name(arg1, arg2, ⋯, argN)

其中,arg1,arg2,⋯,argN 为实参。

2.5.2　函数的参数

Python 的函数具有非常灵活、多样的参数形态,既可以实现简单的调用,又可以传入非常复杂的参数。

1. 位置参数

参数必须以正确位置(顺序)传入函数,因为它们的位置至关重要。

```
1. def hello_1(greeting, name):
2. print('{},{}!'.format(greeting, name))
3.
4. def hello_2(name, greeting):
5. print('{},{}!'.format(greeting, name))
6.
7. hello_1('Hello', 'Python')
8. hello_2('Hello', 'Python')
```

运行结果如下:

```
Hello,Python!
    Python,Hello!
```

2. 关键字参数

有时候,尤其是当参数很多时,参数的排列顺序可能难以记住。为了简化调用工作,可指定参数的名称,像这样使用名称指定的参数称为关键字参数。关键字参数允许调用函数时,参数的顺序与声明时不一致。

```
1. #关键字参数
2. def personinfo(name, age, number):
3. print('%s 的年龄为%d 岁,学号为%s。' %(name, age, number))
4. print('——————按顺序传入参数——————')
5. personinfo('李雷', 21, '1003')
6.
7. print('——————不按顺序,指定参数名——————')
8. personinfo(age = 21, number ='1003', name = '李雷')
```

运行结果如下:

```
——————按顺序传入参数——————
    李雷的年龄为 21 岁,学号为 1003。
    ——————不按顺序,指定参数名——————
    李雷的年龄为 21 岁,学号为 1003。
```

3. 默认参数

编写函数时,可给每个形参指定默认值。在调用函数中给形参提供了实参时,Python 将使用指定的实参值;否则,将使用形参的默认值。因此,给形参指定默认值后,可在函数调用中省略相应的实参。使用默认值可简化函数调用,还可清楚地指出函数的典型用法。需要注意的是,默认函数一定要放在位置参数后面,不然程序会报错。

```
1. ♯默认参数
2. def personinfo(name, age = 20, number = None):
3. print('%s 的年龄为%d 岁,学号为%s。' %(name, age, number))
4.
5. personinfo('李雷') ♯ 缺参数时,采用默认参数
6. personinfo('李雷', 21, '1003')
```

运行结果如下:

```
李雷的年龄为 20 岁,学号为 None。
李雷的年龄为 21 岁,学号为 1003。
```

4. 可变参数

有时候,我们预先不知道函数需要接受多少个实参,好在 Python 允许函数从调用语句中收集任意数量的实参。

- def fun(* vartuple):加有 * 的变量名会以元组的形式存放所有未命名的变量参数。
- def fun(* * vardict):加有 * * 的变量名会以字典的形式存放所有未命名的变量参数。

对于这些可变参数的使用,可以采用 for 循环等方式。

(1)可变参数-元组形式。

```
1. def personinfo(name, * vartuple):
2. print('姓名:%s'% name)
3. for var in vartuple:
4. print('其他参数:%s'% var)
5.
6. print('——————不带可变参数——————')
7. personinfo('李雷')
8.
9. print('\n——————带 2 个可变参数——————')
10. personinfo('李雷', '21', '1003')
11.
12. print('\n——————带 3 个可变参数——————')
13. personinfo('李雷', '21', '1003', '男')
```

运行结果如下:

```
——————不带可变参数——————
姓名:李雷


——————带 2 个可变参数——————
```

姓名:李雷
其他参数:21
其他参数:1003

————————带 3 个可变参数————————
姓名:李雷
其他参数:21
其他参数:1003
其他参数:男

(2)可变参数-字典形式。

```
1. def personinfo(name, * * vardict):
2. print('姓名:%s'% name)
3. for var in vardict:
4. print('%s:%s'% (var, vardict[var]))
5. other = {'年龄':'21','学号':'1003','性别':'男'}
6. print('——————不带可变参数————————')
7. personinfo('李雷')
8. print('\n—————带 3 个可变参数————————')
9. personinfo('李雷', * * other)
```

运行结果如下:

————————不带可变参数————————
姓名:李雷

————————带 3 个可变参数————————
姓名:李雷
年龄:21
学号:1003
性别:男

5. 组合参数

可以组合使用上述四种参数,注意顺序是位置参数、默认参数、可变参数和关键字参数。

2.5.3 变量作用域

作用域(scope)是指变量的有效范围,即变量可以在哪个范围内使用。变量的作用域由变量的定义位置决定。在不同位置定义的变量,它的作用域是不一样的。变量可以分为局部变量和全局变量。

(1)局部变量。在函数内定义的变量名只能被函数内部引用,不能在函数外引用,这个变量的作用域是局部的,称为局部变量。

(2)全局变量。在函数外,一段代码最开始赋值的变量可以被多个函数引用,这就是全局变量。全局变量可在全局使用,在函数体内更改全局变量的值不会影响全局变量在其他函数或语句中使用。

当局部变量和全局变量有相同的变量名时,在函数内引用该变量,会直接调用函数内定义的局部变量。如果有嵌套函数,且有多个同名变量,就会遵循 LEGB 原则,即先查找局部变量(Locals);如果找不到该名称的局部变量,就去函数体的外层寻找局部变量(Enclosing function locals)(适用于嵌套函数的情况);如果在函数体外部的局部变量中也找不到该名称的局部变量,就从全局变量(Global)中寻找;如果还是找不到,就去内置库(Built-in)中寻找。

2.5.4　匿名函数

除 def 语句之外,Python 还提供了一种生成函数对象的表达式形式,就是以关键字 lambda 声明的表达式,称为匿名函数。lambda 表达式是对简单函数的简洁表示,能起到函数速写的作用。

语法格式如下:

```
lambda [arg1, arg2, …, argN]:expression
```

其中,各部分的含义如下:

* lambda:定义匿名函数的关键字。
* arg1, arg2, …, argN:函数参数,可以是位置参数、关键字参数、默认参数、可变参数等。
* expression:函数表达式。

可以看出,lambda 函数没有所谓的函数名,这也是它叫作匿名函数的原因。

```
1. #求和函数
2. def func(x, y):
3. return x + y
4. func(25, 33)
5. 58
6. #采用匿名函数
7. c =lambda x, y: x + y
8. print('tups 的和为', c(25, 33))
```

运行结果如下:

```
tups 的和为 58
```

2.6　模　块

Python 提供了强大的模块支持,通过模块可以提高代码的可维护性,减轻开发工作量,避免函数名和变量名冲突。

2.6.1　模块、包、库

1. 模块(module)

在 Python 中,一个.py 文件就称为一个模块。模块可以分为以下三类:

- 标准模块：Python 标准库中自带的模块。
- 第三方模块：由第三方机构发布的具有特定功能的模块。
- 自定义模块：用户自己也可以编写模块，然后使用。

2. 包（package）

一个包含多个模块的文件夹，只不过在该文件夹下必须存在一个名为"__init__.py"的文件。__init__.py 既可以是一个空模块，也可以写一些初始化代码，作用就是告诉 Python 要将该目录当成包来处理。与其他模块文件不同的是，__init__.py 模块的模块名不是__init__，而是它所在的包名。包的本质依然是模块，因此，包中也可以包含包。

3. 库（lib）

相比模块和包，库是一个更大的概念。例如，在 Python 标准库中的每个库都有好多个包，而每个包中都有若干个模块。常用的数据分析库如下：

- NumPy：Python 科学计算的基础包。
- Pandas：提供了快速、便捷处理结构化数据的大量数据结构和函数。
- Matplotlib：最流行的用于数据可视化的 Python 库。
- SciPy：一组专门解决科学计算中各种标准问题域的包的集合。
- Scikit-Learn（简称 Sklearn）：Python 的通用机器学习工具包。

2.6.2 导入模块

在编程过程中如果要用到某个模块中的某个功能（由变量、函数、类实现），那么需要在程序中导入该模块，然后就可以使用该功能。导入从本质上讲，就是在一个文件中载入另一个文件，并且能够读取那个文件的内容。

使用 import 导入模块的语法主要有以下两种：

1. import 模块名 as 别名

语法格式如下：

> import 模块名 1［as 别名 1］，模块名 2［as 别名 2］，…

使用这种语法格式的 import 语句，会导入指定模块中的所有成员（包括变量、函数、类等）。当需要使用模块中的成员时，需用该模块名（或别名）作为前缀，否则 Python 解释器会报错。

2. from 模块名 import 成员名 as 别名

语法格式如下：

> from 模块名 import 成员名 1［as 别名 1］，成员名 2［as 别名 2］，…

使用这种语法格式的 import 语句只会导入模块中指定的成员，而不是全部成员。当程序中使用该成员时，无需附加任何前缀，直接使用成员名（或别名）即可。这种方式也可以导入指定模块中的所有成员，即使用 form 模块名 import ＊，但此方式不推荐使用，因为它存在潜在的风险。

2.6.3 第三方库（模块）的下载和安装

下载和安装第三方库（模块），可以使用 Python 提供的 pip 命令实现。pip 命令的语法格式如下：

pip install∣uninstall∣list 模块名

其中：

· install：用于安装第三方库（模块），当 pip 使用 install 作为参数时，后面的模块名不能省略。

· uninstall：用于卸载已经安装的第三方库（模块），选择 uninstall 作为参数时，后面的模块名也不能省略。

· list：用于显示已经安装的第三方库（模块）。

第3章 常用的数据分析库

Python 拥有 NumPy、Pandas、Matplotlib、SciPy、Sklearn 等功能齐全、接口统一的库,能为数据分析工作提供极大的便利,本章将对这些库的基本使用方法进行介绍,建立初步的概念,在后续章节中将会结合具体场景和问题,进一步阐述这些库的更多用法。

3.1 NumPy

3.1.1 NumPy 简介

NumPy 是 Python 中用于高性能科学计算和数据分析的库,提供了大量的库函数和操作,可以帮助人们轻松地进行数值计算。先用以下例子来说明。

计算数组 A 的平方与数组 B 的立方之和,即 $A^2 + B^3$,如果采用 Python 原生数组来实现,就不得不采用循环的方式。

```
1. def py_sum():
2.     A = [2, 3, 5, 10, 9]
3.     B = [1, 7, 6, 4, 2]
4.     C = []
5. for i in range(len(A)):
6.         C.append(A[i] ** 2 + B[i] ** 3)
7. return C
8.
9. py_sum()
```

而如果采用 NumPy,就非常简单。

```
1. import numpy as np
2.
3. def np_sum():
4.     A = np.array([2, 3, 5, 10, 9])
5.     B = np.array([1, 7, 6, 4, 2])
6. return A ** 2 + B ** 3
7.
8. np_sum()
```

在上面使用 NumPy 进行求和的例子中,我们使用 Numpy 模块中的 array()函数构建了一个 ndarray 数组对象。ndarray 数组是 NumPy 库的核心,封装了 Python 原生的同数据类型的 n 维数组,并配备了大量的函数和运算符,因此,可以快速地进行乘方、求和等运算。

正是因为 NumPy 提供的 ndarray 数组对象以及用于快速操作数组的函数和 API,它才广泛地应用于数据分析和科学计算的领域。例如:

(1)机器学习模型:在编写机器学习算法时,需要对矩阵进行各种数值计算,如矩阵乘法、换位、加法等。NumPy 提供了一个非常好的库,用于简单(在编写代码方面)和快速(在速度方面)计算。NumPy 数组用于存储训练数据和机器学习模型的参数。

(2)图像处理和计算机图形学:计算机中的图像表示为多维数字数组。NumPy 成为同样情况下最自然的选择。实际上,NumPy 提供了一些优秀的库函数来快速处理图像,如镜像图像、按特定角度旋转图像等。

(3)数学任务:NumPy 对执行各种数学任务,如数值积分、微分、内插、外推等非常有用。因此,当涉及数学任务时,它形成了一种基于 Python 的 Matlab 的快速替代。

在使用 NumPy 之前,需要导入它,语法如下:

```
1. import numpy
```

这样,我们就可以使用 NumPy 中的所有内置方法了。但是每次写入 NumPy 的字数有点多,通常我们给 NumPy 起个别名 np,使用以下语法进行导入,这样所有出现 NumPy 的地方都可以用 np 替代。

```
1. import numpy as np
```

3.1.2 ndarray 数组的创建

1. N 维数组对象:ndarray

ndarray 是一个多维数组对象,由实际的数据和描述这些数据的元数据(数据维度、数据类型等)两部分构成。

ndarray 数组一般要求所有元素的类型相同,这样做的好处是有助于节省运算和存储空间,并且提升运算空间。

与列表相同,ndarray 数组的下标从 0 开始。

举个例子,我们先用 array()函数生成一个 ndarray 数组:

```
1. import numpy as np
2.
3. a = np.array([[0, 2, 4, 8, 9],
4.              [1, 5, 6, 7, 9]])
5. a
```

运行结果如下:

```
array([[0, 2, 4, 8, 9],
    [1, 5, 6, 7, 9]])
```

对于 ndarray 数组 a，我们可以访问它的以下属性（见表 3-1）：

表 3-1   ndarray 数组属性

属　性	说　明
.ndim	秩，即轴的数量或维度的数量
.shape	ndarray 对象的尺度，对于矩阵，n 行 m 列
.size	ndarray 对象的元素个数，相当于 .shape 中 $n×m$ 的值
.dtype	ndarray 对象的元素类型
.itemsize	ndarray 对象中每个元素的大小，以字节为单位

```
1. print("a 的秩:", a.ndim)
2. print("a 的尺度:", a.shape)
3. print("a 的元素个数:", a.size)
4. print("a 的元素类型:", a.dtype)
5. print("a 的元素大小:", a.itemsize)
```

运行结果如下：

```
a 的秩：2
a 的尺度：(2,5)
a 的元素个数：10
a 的元素类型：int32
a 的元素大小：4
```

2. 使用 array() 函数创建 ndarray 数组

array() 函数是构造 ndarray 数组最常用的方法。它可以将 Python 的列表和元组等类型数据变换成 ndarray 数组。

```
1. x = np.array([1,2,3,4,5]) # 从列表类型创建
2. y = np.array((5,8,9,6,1)) # 从元组类型创建
3. print(x)
4. print(y)
```

运行结果如下：

```
[1 2 3 4 5]
[5 8 9 6 1]
```

实际上，array() 函数还有一个可选参数 dtype，用于指定元素的数据类型。例如，可以使用 dtype=np.float32 指定元素数据类型为单精度浮点型。当不指定 dtype 时，NumPy 将根据数据情况，自动关联一个 dtype 数据类型。

3. 使用其他函数创建 ndarray 数组

NumPy 同样提供了其他一些有用的函数，可以方便地创建 ndarray 数组，见表 3-2。

表 3 - 2　创建 ndarray 数组的函数

函　数	说　明
np. arange(n)	类似 range()函数,返回 ndarray 类型,元素从 0 到 $n-1$
np. ones(shape)	根据 shape 生成一个全 1 数组,shape 是元组类型
np. zeros(shape)	根据 shape 生成一个全 0 数组,shape 是元组类型
np. full(shape,val)	根据 shape 生成一个数组,每个元素值都是 val
np. eye(n)	创建一个正方的 $n \times n$ 单位矩阵,对角线为 1,其余为 0
np. ones_like(a)	根据数组 a 的形状生成一个全 1 数组
np. zeros_like(a)	根据数组 a 的形状生成一个全 0 数组
np. full_like(a,val)	根据数组 a 的形状生成一个数组,每个元素值都是 val
np. linspace()	根据起始数据等间距地填充数据,形成数组
np. logspace()	根据起始数据等比例地填充数据,形成数组

举例说明:

```
1. print("arange()函数:\n", np. arange(10))
2. print("\n ones()函数:\n", np. ones((3, 5)))
3. print("\n zeros()函数:\n", np. zeros((3, 5), dtype=np. int32))
4. print("\n full()函数:\n", np. full((2, 4), 3))
5. print("\n eye()函数:\n", np. eye(4))
```

需要注意的是,上述函数默认生成浮点型数据。如果想要改变数据类型,那么可以使用 dtype 参数指定。

运行结果如下:

```
arange()函数:
[0 1 2 3 4 5 6 7 8 9]

ones()函数:
[[1. 1. 1. 1. 1. ]
 [1. 1. 1. 1. 1. ]
 [1. 1. 1. 1. 1. ]]

zeros()函数:
[[0 0 0 0 0]
 [0 0 0 0 0]
 [0 0 0 0 0]]

full()函数:
[[3 3 3 3]
 [3 3 3 3]]
```

eye()函数：
[[1.0.0.0.]
[0. 1. 0.0.]
[0.0. 1. 0.]
[0.0.0. 1.]]

举例说明 linspace()函数：

```
1. a = np. linspace(0,10,4)
2. b = np. linspace(0,10,4, endpoint=False)
3.
4. print(a)
5. print(b)
```

运行结果如下：

```
[ 0.          3. 33333333  6. 66666667 10.          ]
[0.  2. 5 5.  7.5]
```

注意：参数 endpoint 默认为 Ture 时，包括终点值，从 0 到 10 均匀地取 4 个值，相当于切了 3 刀，数值应为[0 10/3 20/3 10]；而当 endpoint 指定为 False 时，不包括终点值，从 0 到 10 均匀地取 4 个值，相当于切了 4 刀，相应的数值应为[0 2. 5 5 7.5]。

我们可以使用 concatenate()函数将其合并。

```
1. c = np. concatenate((a,b))
2. c
```

运行结果如下：

```
array([0. ,3.33333333,6.66666667, 10. ,0. ,2.5,5. ,7.5])
```

除上述创建 ndarray 数组的方法之外，还可以从字节流（Raw Bytes）中创建以及从文件中读取特定格式创建。这些方法将在后续的内容中介绍。

3.1.3　ndarray 数组的变换

对于创建后的 ndarray 数组，我们可以对其进行维度变换、元素类型变换、组合与分割。

1. 维度变换

常用以下函数实现 ndarray 数组维度的变换（见表 3-3）：

表 3-3　ndarray 数组维度变换的函数

方　法	说　明
. reshape(shape)	不改变数组元素，返回一个 shape 形状的数组，原数组不变
. resize(shape)	与 . reshap()功能一致，但修改原数组
. swapaxes(ax1,ax2)	将数组 n 个维度中两个维度进行调换
. flatten()	对数组进行降维，返回折叠后的一维数据，原数组不变

举个例子：

```
1. ♯生成一个三维数组
2. a = np.ones((2,3,4), dtype=np.int32)
3. a
```

运行结果如下：

```
array([[[1, 1, 1, 1],
        [1, 1, 1, 1],
        [1, 1, 1, 1]],

       [[1, 1, 1, 1],
        [1, 1, 1, 1],
        [1, 1, 1, 1]]])
```

将三维数组 a 变换为二维数组（元素个数要保持不变），此时数组 a 并不发生变化。

```
1. a.reshape((3,8))
```

运行结果如下：

```
array([[1, 1, 1, 1, 1, 1, 1, 1],
       [1, 1, 1, 1, 1, 1, 1, 1],
       [1, 1, 1, 1, 1, 1, 1, 1]])
```

需要注意的是变换前后元素的个数一定要相同，即 $2 \times 3 \times 4 = 3 \times 8$，不相同则会报出 ValueError 异常。

使用 resize 函数也可达到同样的目的，不同之处是 resize() 函数将会改变原数组的值。

2. 元素类型变换

我们可以对数组 a 使用 astype() 函数改变其元素类型。

```
1. b = a.astype(np.float)
2. b
```

运行结果如下：

```
array([[[1., 1., 1., 1.],
        [1., 1., 1., 1.],
        [1., 1., 1., 1.]],

       [[1., 1., 1., 1.],
        [1., 1., 1., 1.],
        [1., 1., 1., 1.]]])
```

除此之外，还可以使用 tolist() 函数将其转换为 List 数据类型。

```
1. a.tolist()
```

运行结果如下：

```
[[[1, 1, 1, 1], [1, 1, 1, 1], [1, 1, 1, 1]],
```

$$[[1,1,1,1],[1,1,1,1],[1,1,1,1]]]$$

3. 组合与分割

常用表 3-4 所示的函数实现 ndarray 数组的组合与分割。

表 3-4 ndarray 数组组合与分割的函数

函　数	说　明
np. hstack()	将两个或多个数组横向组合成一个新的数组
np. vstack()	将两个或多个数组纵向组合成一个新的数组
np. concatenate()	将两个或多个数组按照指定轴向(axis)组合成一个新的数组
np. hsplit()	对数组进行横向分割
np. vsplit()	对数组进行纵向分割
np. split()	对数组按照指定轴向(axis)进行分割

举例说明,先生成一个数组 c:

```
1. c=np. arange(18). reshape(3,6)
2. c
```

运行结果如下:

```
array([[ 0,  1,  2,  3,  4,  5],
       [ 6,  7,  8,  9, 10, 11],
       [12, 13, 14, 15, 16, 17]])
```

然后使用 hsplit 将数组 c 横向分割成 2 个相同大小的子数组,存放在 c1 和 c2 中:

```
1. c1,c2=np. hsplit(c,2)
2. print(c1)
3. print(c2)
```

运行结果如下:

```
[[ 0  1  2]
 [ 6  7  8]
 [12 13 14]]
[[ 3  4  5]
 [ 9 10 11]
 [15 16 17]]
```

使用 vstack 将 c1 和 c2 进行纵向组合:

```
1. np. vstack((c1,c2))
```

运行结果如下:

```
array([[ 0,  1,  2],
       [ 6,  7,  8],
```

```
[12, 13, 14],
[ 3,  4,  5],
[ 9, 10, 11],
[15, 16, 17]])
```

3.1.4　ndarray 数组的操作

这里的操作指的是数组的索引和切片。

1. 索引

索引,即获取数组中特定位置元素的过程。ndarray 数组的索引与 Python 中 List 的索引类似,即使用方括号[]加下标的方式(下标依旧从 0 开始)。一维数组只需要一个下标,多维数组则需要多个下标,即每个维度一个索引值,用逗号分割。

举例说明如下。

(1)一维数组的索引。

```
1. import numpy as np
2.
3. a = np.array([3, 1, 4, 1, 5, 9, 2, 6])
4. print(a[2])   ♯ 索引为 2 的值
5. print(a[-2])  ♯ 倒数第 2 个值
```

运行结果如下:

```
4
2
```

(2)二维数组的索引。

我们先创建一个二维数组:

```
1. b = np.array([3,1,4,1,5,9,2,5,8,9,7,9,3,2,3,8,4,6,2,6,4,3,3,8,3,2,7,9,5,0,2,8,8,4,
1,9,7,1,6,9]).reshape((5,8))
2. b
```

运行结果如下:

```
array([[3, 1, 4, 1, 5, 9, 2, 5],
       [8, 9, 7, 9, 3, 2, 3, 8],
       [4, 6, 2, 6, 4, 3, 3, 8],
       [3, 2, 7, 9, 5, 0, 2, 8],
       [8, 4, 1, 9, 7, 1, 6, 9]])
```

对二维数组的索引:

```
1. print(b[2, 4])
2. print(b[-1, -1])
```

运行结果如下:

```
4
9
```

（3）高维数组的索引。

三维或更高维数组的索引与二维数组的方式类似。

先从数组 b 创建一个三维数组 c：

```
1. c = b.reshape((2, 4, 5))
2. c
```

数组 c 如下：

```
array([[[3, 1, 4, 1, 5],
        [9, 2, 5, 8, 9],
        [7, 9, 3, 2, 3],
        [8, 4, 6, 2, 6]],

       [[4, 3, 3, 8, 3],
        [2, 7, 9, 5, 0],
        [2, 8, 8, 4, 1],
        [9, 7, 1, 6, 9]]])
```

对于数组 c 的索引：

```
1. c[1, 2, 4]
```

运行结果如下：

```
1
```

（4）布尔索引。

除此之外，还可以使用布尔索引，获取数组中满足某些条件的元素。

```
1. b<5
```

运行结果如下：

```
array([[ True,  Tru,  True,  True, False, False,  True, False],
       [False, False, False, False,  True,  True,  True, False],
       [ True, False,  True, False,  True,  True,  True, False],
       [ True,  True, False, False, False,  True,  True, False],
       [False,  True,  True, False, False,  True, False, False]])
1. b[b<5]=0
2. b
```

运行结果如下：

```
array([[0, 0, 0, 0, 5, 9, 0, 5],
       [8, 9, 7, 9, 0, 0, 0, 8],
       [0, 6, 0, 6, 0, 0, 0, 8],
       [0, 0, 7, 9, 5, 0, 0, 8],
       [8, 0, 0, 9, 7, 0, 6, 9]])
```

上述操作把数组 b 中小于 5 的数字替换为 0。

2. 切片

切片,即获取数组元素子集的过程。

对于一维数组的切片,与列表相似,如 a[1:4:1]表示起始位置为 1,终止位置为 4(不含),步长为 1。如果步长为 1,就可以缺省表示为 a[1:4]。

举例说明如下:

```
1. a[1:4]
```

运行结果如下:

```
array([1, 4, 1])
```

从 1 到 7 的步长为 3:

```
1. a[1:7:3]
```

运行结果如下:

```
array([1, 5])
```

对于二维数组的切片,每个维度的切片方法与一维数组相同,各维度之间用逗号分割。

```
1. print(b[:, 0:7:3])
```

运行结果如下:

```
[[3 1 2]
 [8 9 3]
 [4 6 3]
 [3 9 2]
 [8 9 6]]
```

有时候,:前后的数字也可以省略。例如,对于三维数组 c 进行切片:

```
1. c[1,:,::3]
```

运行结果如下:

```
array([[4, 8],
       [2, 5],
       [2, 4],
       [9, 6]])
```

3.1.5 ndarray 数组的运算

1. 数组与标量之间的运算

数组与标量之间的运算作用于数组的每一个元素。例如,数组 $a-1$,即数组 a 中的每个元素都减 1。适用于加、减、乘、除、乘方等运算符。

举例说明如下:

```
1. a = np.arange(9).reshape((3,3))
2. a
```

运行结果如下：

```
array([[0, 1, 2],
       [3, 4, 5],
       [6, 7, 8]])
1. a = a - 4
2. a
```

运行结果如下：

```
array([[-4, -3, -2],
       [-1,  0,  1],
       [ 2,  3,  4]])
```

2. NumPy 中的一元函数

NumPy 中常见的一元函数见表 3-5，它们对 ndarray 中的数据执行元素级运算。

表 3-5　NumPy 中的一元函数

函　数	说　明
np. abs(x) np. fabs(x)	计算数组中各元素的绝对值
np. sqrt(x)	计算数组中各元素的平方根
np. square(x)	计算数组中各元素的平方
np. log(x) np. log10(x) np. log2(x)	计算数组中各元素的自然对数、常用对数和以 2 为底的对数
np. ceil(x) np. floor(x)	计算数组各元素的 ceiling 值（向上取整）或 floor 值（向下取整）
np. rint(x)	计算数组中各元素四舍五入后的值
np. modf(x)	将数组中各元素的小数部分和整数部分以两个独立数组形式返回
np. cos(x) np. cosh(x) np. sin(x) np. sinh(x) np. tan(x) np. tanh(x)	计算数组中各元素的普通型和双曲型三角函数
np. exp(x)	计算数组中各元素的指数
np. sign(x)	计算数组中各元素的符号值，1(+),0,-1(1)

例如，对于上述数组 a，求其绝对值：

```
1. b = np. abs(a)
2. b
```

运行结果如下：

```
array([[4, 3, 2],
       [1, 0, 1],
       [2, 3, 4]])
```

其他的函数用法相同，在此就不赘述了。

3. NumPy 中的二元函数

NumPy 中常见的操作符或二元函数见表 3－6。

表 3－6　NumPy 中的二元函数

函　　数	说　　明
＋　－　＊／　＊＊	两个数组中的各元素进行对应运算
np. maximum(x,y)　np. fmax() np. minimum(x,y)　np. fmin()	元素级的最大值/最小值计算
np. mod(x,y)	元素级的模运算
np. copysign(x,y)	将数组 y 中各元素值的符号赋值给数组 x 对应元素
＞　＜　＞＝　＜＝　＝＝　！＝	算数比较,产生布尔型数组

例如,将上述数组 a 加上数组 b:

```
1. a + b
```

运行结果如下:

```
array([[0, 0, 0],
       [0, 0, 2],
       [4, 6, 8]])
```

NumPy 在进行不同形状的数组之间的计算时,会自动沿长度不足,且长度为 1 的轴方向进行传播。当维数不一致时,会向前补齐,这要求后面的轴的长度相同或是有一方的长度等于 1,即从后至前进行轴长比对。

举例说明如下:

```
1. c＝np. arange(3)
2. c
```

运行结果如下:

```
array([0, 1, 2])
1. a+c
```

运行结果如下:

```
array([[-4, -2,  0],
       [-1,  1,  3],
       [ 2,  4,  6]])
```

关于 NumPy 的更多用法,将在后面的章节进行介绍。

3.2　Pandas

3.2.1　Pandas 简介

Pandas 是 Python 的核心数据分析支持库,提供了高性能、简单易用的数据结构和数据分析工具,是使 Python 能够成为强大而高效的数据分析环境的重要因素之一。

Pandas 的核心数据结构是 Series(一维数据)与 DataFrame(二维数据)。这两种数据结构可以非常方便地管理与 SQL 关系数据库和 Excel 工作表具有类似特征的数据,同时为时间序列分析提供了很好的支持,足以处理金融、统计、社会科学、工程等领域中的大多数典型用例。

Pandas 是在 NumPy 的基础上实现,核心数据结构与 NumPy 的 ndarray 数组十分相似,但 Pandas 与 NumPy 的关系不是替代,而是互为补充。二者之间的主要区别如下:

1. 从数据结构上看

(1)NumPy 的核心数据结构是 ndarray 数组,支持任意维数的数组,但要求单个数组内所有数据是同质的,即类型必须相同;而 Pandas 的核心数据结构是 Series 和 DataFrame,仅支持一维和二维数据,但数据内部可以是异构数据,仅要求同列数据类型一致。

(2)NumPy 的数据结构仅支持数字索引,而 Pandas 的数据结构则同时支持数字索引和标签索引。

2. 从功能定位上看

(1)NumPy 虽然也支持字符串等其他数据类型,但仍然主要是用于数值计算,尤其是内部集成了大量矩阵计算模块,如基本的矩阵运算、线性代数、fft、生成随机数等,支持灵活的广播机制。

(2)Pandas 主要用于数据处理与分析,支持包括数据读写、数值计算、数据处理、数据分析和数据可视化全套流程操作。

同样,在使用 Pandas 之前需要导入它,通常我们给 pandas 起个别名 pd,语法如下:

```
1. import pandas as pd
```

3.2.2 核心数据结构

Pandas 的核心数据结构有两种,即一维的 Series 和二维的 DataFrame。二者可以分别看作是在 Numpy 一维数组和二维数组的基础上增加了相应的标签信息。

1. Series

Series 是一种类似于一维数组的对象,是由一组数据以及一组与之相关联的标签(即索引)组成的。具体的表现形式就是索引在左边,值在右边。

可看作 Series = ndarray + index。

创建 Series 的语法格式如下:

```
pd. Series(x, index=idx)
```

其中,x 可以是列表、ndarray 数组、字典。

这里:

• x 是位置参数。

• index 是默认参数,默认值为 idx = range(0, len(x)),即在创建 Series 时,如果不显式设定 index,那么 Python 会自动生成一个默认从 0 到 $N-1$ 的索引,其中 N 是 x 的长度。

例如:

```
1. s = pd. Series([1,3,3,5,6], index=['a','b','c','d','e'], name='这是一个 Series', dtype='float64')
2. s
```

运行结果如下:

```
a    1.0
b    3.0
c    3.0
d    5.0
e    6.0
Name：这是一个 Series，dtype：float64
```

Series 也是一个对象，其主要属性和内置方法见表 3 - 7。

表 3 - 7　Series 的主要属性和内置方法

属性或内置方法	说　　明
. values	Series 的值
. index	Series 的索引
. name	Series 的名字
. dtype 或. dtypes	Series 中元素值的类型
. count()	Series 中不含 nan 的元素个数
. unique()	返回 Series 中不重复的元素
. value_counts()	统计 Series 中非 nan 元素的出现次数

例如：

```
1. s. values
```

运行结果如下：

```
array([1. , 3. , 3. , 5. , 6. ])
```

```
1. s. index
```

运行结果如下：

```
Index([ˊaˊ, ˊbˊ, ˊcˊ, ˊdˊ, ˊeˊ], dtype＝ˊobjectˊ)
```

```
1. s. count()
```

运行结果如下：

```
5
```

```
1. s. unique()
```

运行结果如下：

```
array([1. , 3. , 5. , 6. ])
```

```
1. s. value_counts()
```

运行结果如下：

```
3.0    2
6.0    1
```

```
5.0    1
1.0    1
Name：这是一个 Series，dtype：int64
```

2. DataFrame

DataFrame 是一个表型的数据结构，含有一组有序的列，每列间可以是不同的数据类型（数值、字符串、布尔值等）。DataFrame 既有行索引又有列索引，其中的数据是以一个或多个二维块存放的，而不是列表、字典或别的一维数据结构。

可看作 DataFrame = ndarray + index + columns。

创建 DataFrame 的语法格式如下：

$$pd. DataFrame(\ x,\ index=idx,\ columns=col\ )$$

其中 x 可以是二维列表；二维 ndarray 数组；字典，其值是一维列表、ndarray 数组或 Series；另外一个 DataFrame。

这里：

· x 是位置参数。

· index 是默认参数，默认值为 idx = range(0, x. shape[0])。

· columns 是默认参数，默认值为 col = range(0, x. shape[1])。

例如：

```
1. df = pd. DataFrame({'col1'：list('abcde'),
2. 'col2'：range(5,10),
3. 'col3'：[1. 3,2. 5,3. 6,4. 6,5.8]},
4.                     index=list('一二三四五'))
5. df
```

运行结果如图 3-1 所示：

	col1	col2	col3
一	a	5	1.3
二	b	6	2.5
三	c	7	3.6
四	d	8	4.6
五	e	9	5.8

图 3-1　用字典创建 DataFrame

从上面的例子可以看到，字典中的"键"自动变成了 DataFrame 的列（columns），"值"自动变成了 DataFrame 的值（values），而其索引（index）需要另外定义。

DataFrame 的主要属性见表 3-8。

表 3 - 8　DataFrame 的主要属性

属　　性	说　　明
.values	DataFrame 的值
.index	DataFrame 的行索引(行标签)
.columns	DataFrame 的列索引(列标签)
.dtypes	DataFrame 中每列元素值的类型
.shape	DataFrame 的形状(用元组表示)

例如:

1. df. values

运行结果如下:

```
array([['a', 5, 1. 3],
       ['b', 6, 2. 5],
       ['c', 7, 3. 6],
       ['d', 8, 4. 6],
       ['e', 9, 5.8]], dtype=object)
```

1. df. index

运行结果如下:

```
Index(['一', '二', '三', '四', '五'], dtype='object')
```

1. df. columns

运行结果如下:

```
Index(['col1', 'col2', 'col3'], dtype='object')
```

1. df. dtypes

运行结果如下:

```
col1     object
col2     int64
col3     float64
dtype: object
```

1. df. shape

运行结果如下:

```
(5, 3)
```

3. 2. 3　索引和切片

由于 Series 的索引和切片方法与 ndarray 数组相近,因此,本节主要讲解 DataFrame 的索引和切片方法。DataFrame 提供了灵活多样的索引和切片方法,我们重点介绍其中的四种,即

loc、iloc、df[ ]及布尔索引。

1. loc

loc：表示标签索引，以 index(行标签)和 columns(列标签)作为参数。格式如下：

.loc[行标签名/[行标签名 list]，列标签名/[列标签名 list]]

例如，通过下面三种方式均可抽取 DataFrame 中的 1 行数据。

```
1. df. loc['二']
2. df. loc['二',]
3. df. loc['二', :]
```

运行结果如下：

```
col1        b
col2        6
col3        2.5
Name：二，dtype：object
```

抽取多行数据：

```
1. df. loc['二'：'五', :]
```

运行结果如图 3 - 2 所示。

	col1	col2	col3
二	b	6	2.5
三	c	7	3.6
四	d	8	4.6
五	e	9	5.8

图 3 - 2　使用 loc 抽取多行数据

从上面的例子可以看出，在 loc 中使用的切片，返回的结果中包含最后索引位置的元素。

抽取 1 列数据：

```
1. df. loc[ : ,'col1']
```

运行结果如下：

```
一        a
二        b
三        c
四        d
五        e
Name：col1，dtype：object
```

抽取多列数据：

```
df.loc[:,['col1','col3']]
```

运行结果如图 3－3 所示。

	col1	col3
一	a	1.3
二	b	2.5
三	c	3.6
四	d	4.6
五	e	5.8

图 3－3　使用 loc 抽取多列数据

抽取任意数据：

```
df.loc['二':'五':3, ['col1','col3']]
```

运行结果如图 3－4 所示。

	col1	col3
二	b	2.5
五	e	5.8

图 3－4　使用 loc 抽取任意数据

2. iloc

iloc：表示位置索引，以二维矩阵的位置坐标（即 0，1，2，…）作为参数。格式如下：

```
.iloc[行位置/[行位置 list],列位置/[列位置 list]]
```

例如，通过下面三种方式均可抽取 DataFrame 中的 1 行数据。

```
df.iloc[1]
df.iloc[1,]
df.iloc[1,:]
```

运行结果如下：

```
col1        b
col2        6
col3      2.5
Name:二, dtype: object
```

抽取多行数据：

```
1. df.iloc[1:4,:]
```

运行结果如图 3 - 5 所示：

	col1	col2	col3
二	b	6	2.5
三	c	7	3.6
四	d	8	4.6

图 3 - 5　使用 iloc 抽取多行数据

从上面的例子可以看出，与 loc 不同的是，在 iloc 中使用的切片，返回的结果中不包含最后索引位置的元素。

抽取 1 列数据：

```
1. df.iloc[:,0]
```

运行结果如下：

```
一    a
二    b
三    c
四    d
五    e
Name: col1, dtype: object
```

抽取多列数据：

```
1. df.iloc[:,[0,2]]
```

运行结果如图 3 - 6 所示：

	col1	col3
一	a	1.3
二	b	2.5
三	c	3.6
四	d	4.6
五	e	5.8

图 3 - 6　使用 iloc 抽取多列数据

抽取任意数据：

1. df.iloc[1::3,[0,2]]

运行结果如图 3-7 所示。

	col1	col3
二	b	2.5
五	e	5.8

图 3-7　使用 iloc 抽取任意数据

3. df[ ]

df[ ]：返回一列或多列数据。格式如下：

df[列标签名/[列标签名 list]]

例如，抽取 1 列数据：

1. df['col1']

运行结果如下：

```
一      a
二      b
三      c
四      d
五      e
Name：col1，dtype：object
```

抽取多列数据：

1. df[['col1','col3']]

运行结果如图 3-8 所示。

	col1	col3
一	a	1.3
二	b	2.5
三	c	3.6
四	d	4.6
五	e	5.8

图 3-8　使用 df[ ]抽取多列数据

4. 布尔索引

布尔索引:按照条件查找数据。

例如,获取 col2 列中元素小于 7 的相应行数据。

> 1. df[df['col2'] < 7]

运行结果如图 3-9 所示。

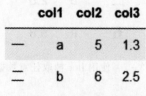

图 3-9 布尔索引

3.2.4 数据的存取

Pandas 支持大部分的主流文件格式进行数据存取。常用格式及接口如下:

· 文本文件,主要包括 csv 和 txt 等两种,相应接口为 to_csv()和 read_csv(),分别用于保存和读取数据。

· Excel 文件,包括 xls 和 xlsx 两种格式均得到支持,底层调用了 xlwt 和 xlrd 进行 excel 文件操作,相应接口为 to_excel()和 read_excel()。

· SQL 文件,支持大部分主流关系型数据库,如 MySQL,需要相应的数据库模块支持,相应接口为 to_sql()和 read_sql()。

此外,Pandas 还支持 html、json 等文件格式的存取操作。我们以 csv 和 excel 格式为例进行说明。

1. csv 格式

csv 文件,即逗号分隔值(Comma-Separated Values)文件,是日常中保存数据最常用的格式之一。

1. to_csv()函数

通过 to_csv()函数可以将 DataFrame 存储为 csv 格式文件。用法如下:

> DataFrame. to_csv(path_or_buf=None, sep=',', na_rep='', columns=None, header=True,
> index=True, index_label=None, mode='w', encoding=None)

to_csv()函数常用参数及其说明见表 3-9。

表 3-9 to_csv()函数常用参数及其说明

参数名称	说　明
path_or_buf	接收 string,代表文件路径,无默认
sep	接收 string,代表分隔符,默认为","
na_rep	接收 string,代表缺失值,默认为""
columns	接收 list,代表写出的列名,默认为 None

续 表

参数名称	说　明
header	接收 boolean,代表是否将列名写出,默认为 True
index	接收 boolean,代表是否将行名(索引)写出,默认为 True
index_labels	接收 sequence,表示索引名,默认为 None
mode	接收特定 string,代表数据写入模式,默认为 w
encoding	接收特定 string,代表存储文件的编码格式,默认为 None

例如:

```
1. data = {'Code': ['BABA', '00700. HK', 'AAPL', '600519. SH'],
2. 'Name': ['阿里巴巴', '腾讯', '苹果', '茅台'],
3. 'Market': ['US', 'HK', 'US', 'SH'],
4. 'Price': [185. 35, 380. 2, 197, 900. 2],
5. 'Currency': ['USD', 'HKD', 'USD', 'CNY']}
6. df = pd. DataFrame(data)
7. df. to_csv('pd_csv. csv', index=False)
```

在存储 df 的时候,如果 df.index 没有特意设定,就记住要在 to_csv 函数中把 index 设置为 False。

2. read_csv()函数

通过 read_csv()函数可以读取 csv 文件,并存储为 DataFrame 形式。用法如下:

```
pandas. read_csv(filepath_or_buffer, sep=',', header='infer', names=None, index_col=None,
                dtype=None, engine=None, nrows=None)
```

read_csv()函数常用参数及其说明见表 3 - 10。

表 3 - 10　read_csv()函数常用参数及其说明

参数名称	说　明
filepath	接收 string,代表文件路径,无默认
sep	接收 string,代表分隔符,默认为",'
header	接收 int 或 sequence,表示将某行数据作为列名,默认为 infer,表示自动识别
names	接收 array,表示列名,默认为 None
index_col	接收 int、sequence 或 False,表示索引列的位置,取值为 sequence,则代表多重索引,默认为 None
dtype	接收 dict,代表写入的数据类型(列名为 key,数据格式为 values),默认为 None
engine	接收 c 或 python,代表数据解释引擎,默认为 c
nrows	接收 int,表示读取前 n 行。默认为 None

例如:

```
1. df2 = pd. read_csv('pd_csv. csv')
2. df2
```

运行结果如图 3 - 10 所示。

	Code	Name	Market	Price	Currency
0	BABA	阿里巴巴	US	185.35	USD
1	00700.HK	腾讯	HK	380.20	HKD
2	AAPL	苹果	US	197.00	USD
3	600519.SH	茅台	SH	900.20	CNY

图 3 - 10　使用 read_csv 函数读取 csv 文件

2. Excel 格式

1. to_excel 函数

通过 to_excel 函数可以将 DataFrame 存储为 Excel 格式文件。用法如下：

DataFrame. to_excel(excel_writer＝None, sheetname＝'Sheet1', na_rep＝'', header＝True, index＝True,
index_label＝None, encoding＝None)

to_excel()函数常用参数及其说明见表 3 - 11。

表 3 - 11　to_excel()函数常用参数及其说明

参数名称	说　明
excel_writer	接收 string，表示文件路径，无默认
sheetname	接收 string，用来指定存储的 Excel sheet 的名称，默认为'Sheet1'
header	接收 int 或 sequence，表示将某行数据作为列名，默认为 infer，表示自动识别

例如：

1. df = pd. DataFrame(np. array([[1, 2, 3], [4, 5, 6]]))
2. df. to_excel('pd_excel. xlsx', sheet_name＝'Sheet1')

2. read_excel()函数

通过 read_excel()函数可以读取"xls""xlsx"两种 Excel 文件，并存储为 DataFrame 的形式，用法如下：

pandas. read_excel(io, sheetname＝0, header＝0, index_col＝None, names＝None, dtype＝None)

read_excel()函数常用参数及其说明见表 3 - 12。

表 3 - 12　read_excel()函数常用参数及其说明

参数名称	说　明
io	接收 string，表示文件路径，无默认
sheetname	接收 string、int，代表 excel 表内数据的分表位置，默认为 0

续 表

参数名称	说　明
header	接收 int 或 sequence,表示将某行数据作为列名,默认为 infer,表示自动识别
names	接收 int、sequence 或 False,表示索引列的位置,取值为 sequence,代表多重索引,默认为 None
index_col	接收 int、sequence 或 False,表示索引列的位置,取值为 sequence,代表多重索引,默认为 None
dtype	接收 dict,代表写入的数据类型(列名为 key,数据格式为 values),默认为 None

例如:

```
1. df1 = pd. read_excel('pd_excel. xlsx', sheet_name='Sheet1')
2. df1
```

运行结果如图 3-11 所示。

图 3-11　使用 read_excel()函数读取 Excel 文件

关于 Pandas 的更多用法,将在后面的章节进行介绍。

3.3　Matplotlib

3.3.1　Matplotlib 简介

Matplotlib 是 Python 的一个绘图库。它包含了大量的工具,可以使用这些工具创建各种图形,包括简单的散点图、正弦曲线,甚至是三维图形。

在使用 Matplotlib 之前需要导入它。语法如下:

```
1. import matplotlib. pyplot as plt
2. import numpy as np
```

3.3.2　绘制折线图

这里我们通过画正弦曲线图来讲解基本用法。

首先通过 np. linspace()函数生成 x,它包含了 50 个元素的数组,这 50 个元素均匀地分布在区间[0, 2pi]上。然后通过 np. sin(x)生成 y。

```
1. x = np. linspace(0, 2 * np. pi, 50)
2. y = np. sin(x)
```

有了数据 x 和 y 之后,通过 plt.plot(x, y)来画出图形,并通过 plt.show()来显示。

1. plt.plot(x, y)
2. plt.show()

运行结果如图 3-12 所示。

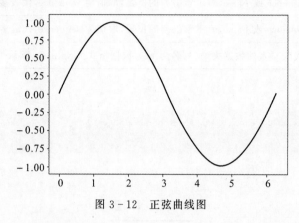

图 3-12 正弦曲线图

有时候,可能需要在一张图里绘制多条曲线。例如,这里我们同时绘制了(x, y)和$(x, y * 2)$两条曲线。

1. plt.plot(x, y)
2. plt.plot(x, y * 2)
3. plt.show()

运行结果如图 3-13 所示。

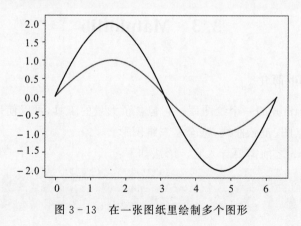

图 3-13 在一张图纸里绘制多个图形

3.3.3 更多设置

Matplotlib 支持各种灵活的设置,这里我们列举一些常见的内容。

1. 设置图形样式

我们可以对图形调整样式,包括颜色、点、线。例如:

1. plt.plot(x, y,'y * —')

2. plt. plot(x, y * 2,'m ——')
3. plt. show()

运行结果如图 3-14 所示。

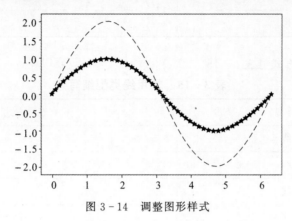

图 3-14　调整图形样式

可以看到,设置样式时,就是增加了一个字符串参数,比如'y * —',其中 y 表示黄色,* 表示星标的点,—表示实线。

这里列举一些常见的颜色表示方式,见表 3-13。

表 3-13　常用颜色缩写

颜　色	表示方式
蓝　色	b
绿　色	g
红　色	r
青　色	c
品　红	m
黄　色	y
黑　色	k
白　色	w

常见点的表示方式见表 3-14。

表 3-14　常用点类型缩写

点的类型	表示方式
点	.
像　素	,
圆	o

续 表

点的类型	表示方式
方 形	s
三角形	˄

常见的线的表示方式见表 3 - 15。

表 3 - 15 常用线类型缩写

线的类型	表示方式
直 线	—
虚 线	— —
点 线	:
点画线	— .

2. 设置画布

可以认为 Matplotlib 绘制的图形都在一个默认的画布(figure)中。我们可以自己创建 figure,这样就可以控制更多的参数,最常见的就是控制图形的大小。例如,这里创建一个 figure,设置大小为(6,3)。

```
1. plt. figure(figsize=(6,3))
2. plt. plot(x, y)
3. plt. plot(x, y * 2)
4. plt. show()
```

运行结果如图 3 - 15 所示。

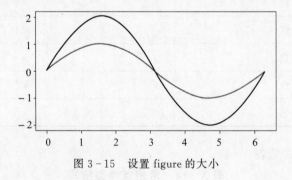

图 3 - 15 设置 figure 的大小

3. 设置标题

通过 plt. title()可以设置图形的标题。例如:

```
1. plt. plot(x, y)
2. plt. plot(x, y * 2)
3. plt. title("sin(x) & 2sin(x)")
```

4. plt. show()

运行结果如图 3 - 16 所示。

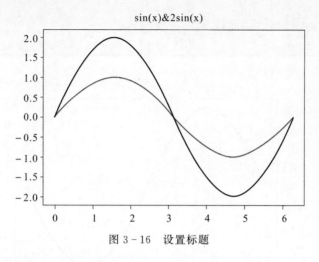

图 3 - 16　设置标题

4. 设置坐标轴

通过 plt. xlim()和 plt. ylim()可以设置坐标轴的范围,通过 plt. xlabel()和 plt. ylabel()可以设置坐标轴的名称。

```
1. plt. plot(x, y)
2. plt. plot(x, y * 2)
3.
4. plt. xlim((0, np. pi + 1))
5. plt. ylim((-3, 3))
6. plt. xlabel('X')
7. plt. ylabel('Y')
8.
9. plt. show()
```

运行结果如图 3 - 17 所示。

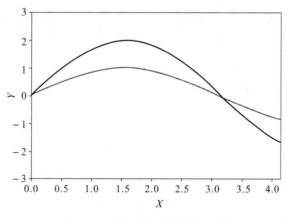

图 3 - 17　设置坐标轴范围及名称

此外,可以通过 plt.xticks()和 plt.yticks()来设置坐标轴的刻度。例如:

```
1. plt. plot(x, y)
2. plt. plot(x, y * 2)
3. plt. xticks((0, np. pi * 0.5, np. pi, np. pi * 1.5, np. pi * 2))
4. plt. show()
```

运行结果如图 3-18 所示。

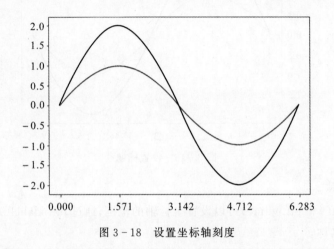

图 3-18　设置坐标轴刻度

5. 添加图例

通过设置 label 和 legend,可以为图形添加图例,从而区分出每条曲线的名称。例如:

```
1. plt. plot(x, y, label="sin(x)")
2. plt. plot(x, y * 2, label="2sin(x)")
3. # plt. legend()
4. plt. legend(loc='best')
5. plt. show()
```

运行结果如图 3-19 所示。

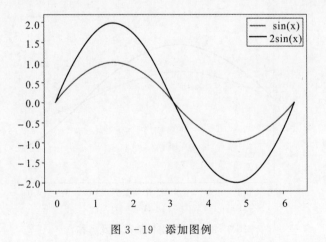

图 3-19　添加图例

6. 添加注释

有时候我们需要对特定的点进行标注,可以使用 plt. annotate()函数或 plt. text()函数来实现。例如,这里我们要标注的点是$(x_0, y_0) = (\pi, 0)$。

```
1. plt. plot(x, y)
2.
3. x0 = np. pi
4. y0 = 0
5.
6. #画出标注点
7. plt. scatter(x0, y0, s=50)
8.
9. plt. annotate('sin(np. pi)=%s' % y0, xy=(np. pi, 0), xycoords='data', xytext=(+30, -30),
10.                textcoords='offset points', fontsize=16,
11.                arrowprops=dict(arrowstyle='->', connectionstyle="arc3, rad=. 2"))
12.
13. plt. text(0. 5, -0. 25, "sin(np. pi) = 0", fontdict={'size': 16, 'color': 'r'})
14.
15. plt. show()
```

运行结果如图 3-20 所示。

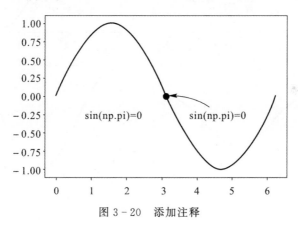

图 3-20　添加注释

在上面的例子中,plt. annotate()函数的参数含义如下:

• 'sin(np. pi)=%s' % y_0:代表标注的内容,可以通过字符串%s 将 y_0 的值传入字符串。

• 参数 xycoords='data':表示基于数据的值来选位置。

• xytext=(+30, -30)和 textcoords='offset points':表示对于标注位置的描述和 xy 偏差值,即标注位置是 xy 位置向右移动 30,向下移动 30。

• arrowprops:是对图中箭头类型和箭头弧度的设置,需要用字典的形式传入。

3.3.4　绘制子图

有时候我们需要将多张子图展示在一起,可以使用 plt. subplot()函数来实现,即在调用 plt. plot()函数之前,需要先调用 plt. subplot()函数。例如:

```
1.  ax1 = plt.subplot(2, 2, 1) #（行,列,活跃区）
2.  plt.plot(x, np.sin(x),'r')
3.
4.  ax2 = plt.subplot(2, 2, 2, sharey=ax1) # 与 ax1 共享 y 轴
5.  plt.plot(x, 2 * np.sin(x),'g')
6.
7.  ax3 = plt.subplot(2, 2, 3)
8.  plt.plot(x, np.cos(x),'b')
9.
10. ax4 = plt.subplot(2, 2, 4, sharey=ax3) # 与 ax3 共享 y 轴
11. plt.plot(x, 2 * np.cos(x),'y')
12.
13. plt.show()
```

运行结果如图 3-21 所示。

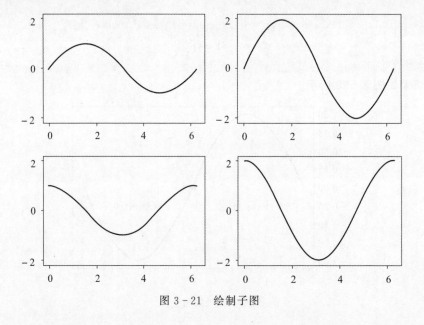

图 3-21　绘制子图

plt.subplot()函数的第一个参数代表子图的总行数,第二个参数代表子图的总列数,第三个参数代表活跃区域。因此,plt.subplot(2, 2, x)表示将图像窗口分为 2 行 2 列, x 表示当前子图所在的活跃区域编号(注意,子图的编号从 1 开始,从左到右、从上到下依次增加)。

可以看到,上面的每个子图的大小都是一样的。有时候我们需要不同大小的子图。例如,将上面第一张子图完全放置在第一行,其他的子图都放在第二行。

```
1.  ax1 = plt.subplot(2, 1, 1) #（行,列,活跃区）
2.  plt.plot(x, np.sin(x),'r')
3.
4.  ax2 = plt.subplot(2, 3, 4)
5.  plt.plot(x, 2 * np.sin(x),'g')
```

```
6.
7. ax3 = plt.subplot(2, 3, 5, sharey=ax2)
8. plt.plot(x, np.cos(x),'b')
9.
10. ax4 = plt.subplot(2, 3, 6, sharey=ax2)
11. plt.plot(x, 2 * np.cos(x),'y')
12.
13. plt.show()
```

运行结果如图 3-22 所示。

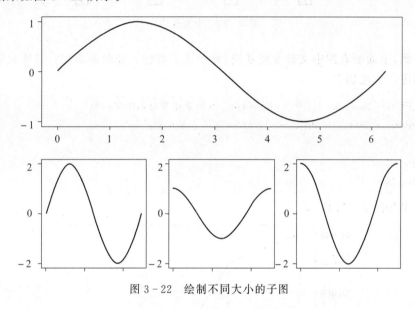

图 3-22　绘制不同大小的子图

在上面的例子中,先使用 plt.subplot(2,1,1)将图像窗口分为了 2 行 1 列,当前活跃区为 1。然后使用 plt.subplot(2,3,4)将整个图像窗口分为 2 行 3 列,当前活跃区为 4。为什么活跃区为 4? 因为上一步中使用 plt.subplot(2,1,1)将整个图像窗口分为 2 行 1 列,第 1 个小图占用了第 1 个位置,也就是整个第 1 行。这一步中使用 plt.subplot(2,3,4)将整个图像窗口分为 2 行 3 列,于是整个图像窗口的第 1 行就变成了 3 列,也就是成了 3 个位置,于是第 2 行的第 1 个位置是整个图像窗口的第 4 个位置。

3.3.5　中文乱码解决

Matplotlib 默认不支持中文字体,这因为 Matplotlib 只支持 ASCII 字符,因此,如果不加以设置,那么图形中的中文将会显示为乱码。例如:

```
1. x = ['北京','上海','深圳','广州']
2. y = [60000, 58000, 50000, 52000]
3. plt.plot(x, y)
4. plt.show()
```

运行结果如图 3-23 所示。

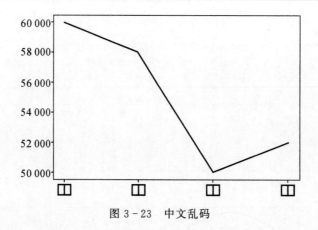

图 3-23　中文乱码

可以看到，上面所有的中文都变成乱码，显示成了方框。如何解决呢？其实只需要配置下后台字体即可。方法如下：

```
1. plt. rcParams['font. sans－serif']＝['SimHei']  ＃用来正常显示中文标签
2. plt. rcParams['axes. unicode_minus']＝False  ＃用来正常显示负号
3.
4. plt. plot(x, y)
5. plt. show()
```

运行结果如图 3-24 所示。

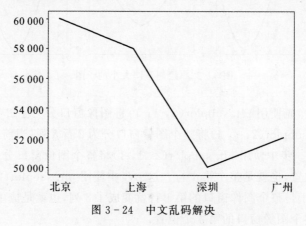

图 3-24　中文乱码解决

后续章节将会进一步介绍使用 Matplotlib 绘制其他图形的方法。

3.4　SciPy

3.4.1　SciPy 简介

SciPy 是一个用于数学、科学、工程领域的常用软件包，可以处理插值、积分、优化、图像处理、常微分方程数值解的求解、信号处理等问题。它可以有效计算 NumPy 数组，通过使 NumPy 和 SciPy 协同工作，高效解决问题。

下面是一些常用的 SciPy 子模块（见表 3 - 16）。可以看到，SciPy 让 Python 成为半个 Matlab。

表 3 - 16　常用的 SciPy 子模块

模块名	功　能
scipy. cluster	聚　类
scipy. constants	数学常量
scipy. fftpack	快速傅里叶变换
scipy. integrate	积　分
scipy. interpolate	插　值
scipy. io	数据输入输出
scipy. linalg	线性代数
scipy. ndimage	N 维图像
scipy. odr	正交距离回归
scipy. optimize	优化算法
scipy. signal	信号处理
scipy. sparse	稀疏矩阵
scipy. spatial	空间数据结构和算法
scipy. special	特殊数学函数
scipy. stats	统计函数

SciPy 作为一个功能库，在使用过程中可以不导入整个库，只需要导入 SciPy 库中所需的子模块即可。例如：

```
1. from scipy import optimize
2. from scipy import linalg
3. from scipy import stats
```

3.4.2　SciPy 常用子模块

由于 SciPy 的功能非常完备且复杂，在日常的数据分析中，并不是每一个子模块都会用上，因此，接下来将简单介绍几个常用的子模块。

1. 输入与输出

输入与输出（SciPy. io）子模块提供了多种功能来实现不同格式文件的输入和输出，包括 Matlab、Wave、Arff、Matrix Market 等格式，最常见的是 Matlab 格式。

```
1. import scipy. io as sio
2.
```

```
3. ♯保存一个 Matlab 文件,后缀名是 mat
4. vect = np.arange(20)
5. sio.savemat('sample.mat',{'vect':vect})
6.
7. ♯打开一个 Matlab 文件
8. mat_file_content = sio.loadmat('sample.mat')
9. print (mat_file_content)
```

loadmat()是打开一个 Matlab 文件,savemat()是保存一个 Matlab 文件,通过 whosmat() 可以列出 Matlab 文件中的变量。

2. 优化算法

优化算法(SciPy.optimize)子模块提供了许多数值优化算法。

(1)非线性方程组求解 fsolve()。

```
1. ♯求解非线性方程组 2x1-x2^2=1,x1^2-x2=2
2.
3. from scipy.optimize import fsolve ♯导入求解方程组的函数
4.
5. def f(x): ♯定义要求解的方程组
6.   x1 =   x[0]
7.   x2 =   x[1]
8. return [2 * x1 - x2 * * 2 - 1, x1 * * 2 - x2 - 2]
9.
10. result = fsolve(f,[1,1])♯输入初值[1, 1]并求解
11. print(result) ♯输出结果,为 array([ 1.91963957,  1.68501606])
```

(2)最小二乘拟合 leastsq()。

```
1. from scipy.optimize import leastsq
2.
3. x =   np.array([8.19,2.72,6.39,8.71,4.7,2.66,3.78])
4. y =   np.array([7.01,2.78,6.47,6.71,4.1,4.23,4.05])
5.
6. def residual(p):
7.    k,b  = p
8. return y-(k * x+b)
9.
10. r = leastsq(residual,[1,0])
11. k,b = r[0]
12. print (k,b) ♯输出结果为 0.6134953491930442 1.794092543259387
```

除上述的方程组求解和最小二乘拟合,SciPy.optimize 子模块还提供了诸如正弦波或余弦波的曲线拟合 curve_fit()、全局最小值 basinhopping()等函数,基本能够满足我们进行优化求解的需求。

3. 线性代数

线性代数(SciPy.linalg)子模块包含了许多矩阵函数,包括线性方程组的解、特征值和特征向量、矩阵函数,以及许多不同的分解(SVD、LU、cholesky)等。

(1)线性方程组的解。

线性方程组的矩阵形式为 $Ax=b$,其中 A 是矩阵,x 和 b 是向量。可用.solve 求解如下:

```
1. import numpy as np
2. from scipy import linalg
3.
4. A=np.array([[1,2,3],[4,5,6],[7,8,9]])
5. b=np.array([1,2,3])
6. x=linalg.solve(A,b)
7. print(x)
8.
9. #check
10. print(A@x-b)
```

运行结果如下:

```
[-0.23333333  0.46666667  0.1        ]
[0.00000000e+00 -2.22044605e-16  0.00000000e+00]
```

(2)特征值和特征向量。

```
1. import numpy as np
2. from scipy import linalg
3.
4. A = np.array([[1, -0.3], [-0.1, 0.9]])
5. evalues, evectors = linalg.eig(A)
6.
7. print(evalues)
8. print(evectors)
```

运行结果如下:

```
[1.13027756+0.j 0.76972244+0.j]
[[0.91724574  0.79325185]
[-0.3983218  0.60889368]]
```

4. 插值

插值(SciPy.interpolate)子模块提供了常见的插值算法,可以通过一组离散数据生成符合一定规律的插值函数(连续函数)。

例如,interp1d 类可用于完成一维数据的插值运算。

```
1. import numpy as np
2. import matplotlib.pyplot as plt
3. from scipy import interpolate
```

```
4.
5.  x = np. linspace(0，10，11)
6.  y = np. sin(x)
7.
8.  xnew = np. linspace(0，10，101)
9.  plt. plot(x，y，'ro')
10.
11. ik = ['nearest'，'zero'，'slinear'，'quadratic']
12. ls = ['-'，'--'，':'，'-.']
13.
14. for z in zip(ik，ls)：
15.     f = interpolate. interp1d(x，y，kind=z[0])
16.     ynew = f(xnew)
17.     plt. plot(xnew，ynew，ls=str(z[1])，label=str(z[0]))
18.
19. plt. legend(loc='lower right')
20. plt. show()
```

运行结果如图 3 - 25 所示。

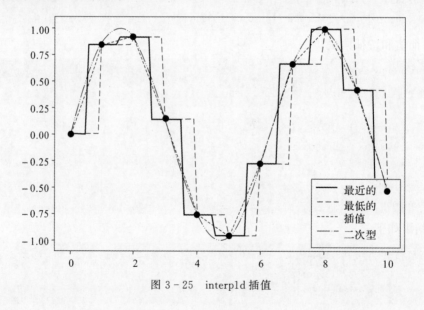

图 3 - 25 interp1d 插值

5. 统计

统计(SciPy. stats)子模块提供了大约 80 种连续随机变量和 10 多种离散分布变量，连续和离散的随机变量都被包含在内。所有的连续随机变量都是 rv_continuous 派生类的对象，而所有的离散随机变量都是 rv_discrete 派生类的对象。此处以最常见的正态分布为例，了解一下 SciPy. stats 子模块的基本用法。

（1）生成服从指定分布的随机变量。

stats. norm. rvs()函数通过 loc 和 scale 参数，指定随机变量的偏移和缩放参数，这里对应

的是正态分布的期望和标准差;通过 size 参数指定随机数数组的形状。例如:

```
1. from scipy import stats
2.
3. #生成 10 个期望是 0,标准差是 1 的正态分布随机变量
4. stats. norm. rvs(loc = 0,scale = 1,size =10)
5.
6. #生成 3 行两列期望是 2,标准差差是 10 的正态分布随机变量
7. stats. norm. rvs(loc = 2,scale = 10,size=(3,2))
```

(2)概率密度函数和累积分布函数。

stats. norm. pdf()函数用来计算正态分布的概率密度函数,stats. norm. cd()函数用来计算正态分布的累积分布函数。

```
1. sample = np. random. randn(10)
2. #pdf(x, loc, scale),输入 x,返回概率密度函数
3. stats. norm. pdf(sample,loc = 0,scale = 1)
4. #cdf(x, loc, scale),输入 x,返回概率,既密度函数的面积
5. stats. norm. cdf(sample,loc=3,scale=1)
```

除此之外,SciPy. stats 子模块还包括了诸如 kstest()和 normaltest()等样本测试函数,用来检测样本是否服从某种分布。另外,还提供了一些描述统计函数,将在后面的章节进行介绍。

3.5　Sklearn

3.5.1　Sklearn 简介

Sklearn 是 scikit-learn 的简称,是一个基于 Python 的第三方模块。Sklearn 库集成了一些常用的机器学习方法,在进行机器学习任务时,并不需要实现算法,只需要简单地调用 Sklearn 库中提供的模块就能完成大多数的机器学习任务。Sklearn 库是在 NumPy、SciPy 和 Matplotlib 的基础上开发而成的,其中的 API 设计得非常好,所有对象的接口简单、清晰,很适合新手上路。

在 Sklearn 里面有六大任务模块,分别是分类(classification)、回归(regression)、聚类(clustering)、降维(dimensionality reduction)、模型选择(model selection)和数据预处理(preprocessing)。图 3 - 26 为 Sklearn 官网的截屏。

要使用上述六大模块的方法,可以使用如下伪代码。

(1)分类。

· from sklearn import SomeClassifier

· from sklearn. linear_model import SomeClassifier

· from sklearn. ensemble import SomeClassifier

(2)回归。

· from sklearn import SomeRegressor

- from sklearn. linear_model import SomeRegressor
- from sklearn. ensemble import SomeRegressor

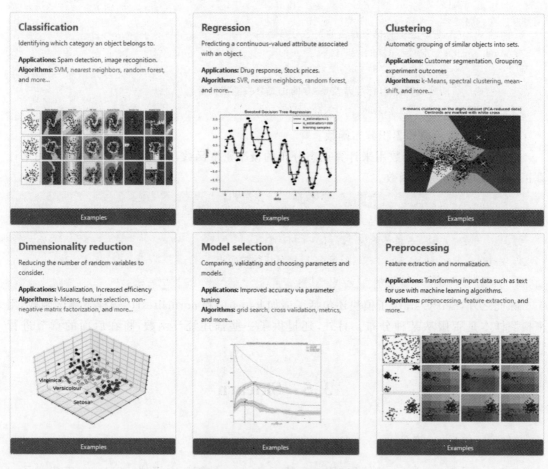

图 3 - 26　Sklearn 六大任务模块

（3）聚类。

- from sklearn. cluster import SomeModel

（4）降维。

- from sklearn. decomposition import SomeModel

（5）模型选择。

- from sklearn. model_selection import SomeModel

（6）数据预处理。

- from sklearn. preprocessing import SomeModel

此外，Sklearn 中还有很多自带的数据集，便于用户进行算法练习。导入它们的伪代码如下：

- from sklearn. datasets import SomeData

注意：上面的 import 后面都是一些通用名称，如 SomeClassifier、SomeRegressor、SomeModel、SomeData，具体化的名称需要由具体问题而定。例如：

SomeClassifier ＝ RandomForestClassifier

SomeRegressor ＝ LinearRegression

SomeModel ＝ KMeans，PCA

SomeModel ＝ GridSearchCV，OneHotEncoder

SomeData ＝ load_iris

上面具体化的例子分别是随机森林分类器、线性回归器、KMeans 聚类、主成分分析、网格搜索法、独热编码、鸢尾花数据集。

3.5.2 Sklearn 数据

1. 数据格式

在 Sklean 中，供模型使用的数据通常用符号 X 表示，是模型自变量，也称为特征数据，形状为［样本数，特征数］。例如，房屋数据有 21 000 条，包括平方英尺、卧室数、楼层、日期、翻新年份等 21 个特征，则该数据的形状为［21 000,21］。

有监督学习除需要特征数据 X 之外，还需要标签 y，而 y 通常就是一维 ndarray 数组。无监督学习中没有标签 y。

2. 自带数据集

Sklearn 包含一个标准数据集模块 Sklearn. datasets，集成了部分数据分析的经典数据集，可以使用这些数据集进行数据预处理、建模等操作，从而熟悉 Sklearn 的数据处理流程和建模流程，见表 3－17。

表 3－17　Sklearn 自带数据集

	数据集名称	调用方式	适用算法	数据规模
小数据集	波士顿房价数据集	load_boston()	回　归	506×13
	鸢尾花数据集	load_iris()	分　类	150×4
	糖尿病数据集	load_diabetes()	回　归	442×10
	手写数字数据集	load_digits()	分　类	5 620×64
大数据集	Olivetti 脸部图像数据集	fetch_olivetti_faces()	降　维	400×64×64
	新闻分类数据集	fetch_20newsgroups()	分　类	—
	带标签的人脸数据集	fetch_lfw_people()	分类；降维	—
	路透社新闻语料数据集	fetch_rcv1()	分　类	804 414×47 236
	加利福尼亚房价数据集	fetch_california_housing()	回　归	20 640×8

下面以鸢尾花数据集为例，介绍 Sklearn 自带数据集的基本使用方法。

鸢尾花数据集有 150 条鸢尾花数据，包括 4 个特征（萼片长度 sepal length、萼片宽度 sepal width、花瓣长度 petal length、花瓣宽度 petal width），以及 3 个类别（山鸢尾花 setosa、变色鸢尾花 versicolor、维吉尼亚鸢尾花 virginica），各类中样本数均为 50。

先导入鸢尾花数据集：

```
1. from sklearn. datasets import load_iris
2. iris = load_iris()
```

数据是以字典格式存储的。iris 的键有：

```
1. iris. keys()
```

运行结果如下：

```
dict_keys(['data', 'target', 'frame', 'target_names', 'DESCR', 'feature_names', 'filename', 'data_module'])
```

其中，部分键的名称解释如下：

- data：特征值（数组）。
- target：标签值（数组）。
- target_names：标签名称（列表）。
- DESCR：数据集描述。
- feature_names：特征名称（列表）。
- filename：iris. csv 文件路径。

查看一下 iris 数据中特征的形状、名称和前五个示例。

```
1. n_samples, n_features = iris. data. shape
2. print((n_samples, n_features))
3. print(iris. feature_names)
4. iris. data[0:5]
```

运行结果如下：

```
(150, 4)
['sepal length (cm)', 'sepal width (cm)', 'petal length (cm)', 'petal width (cm)']

array([[5.1, 3.5, 1.4, 0.2],
       [4.9, 3. , 1.4, 0.2],
       [4.7, 3.2, 1.3, 0.2],
       [4.6, 3.1, 1.5, 0.2],
       [5. , 3.6, 1.4, 0.2]])
```

再查看一下标签的形状、名称和全部示例。

```
1. print(iris. target. shape)
2. print(iris. target_names)
3. iris. target
```

运行结果如下：

```
(150,)
['setosa' 'versicolor' 'virginica']
array([0, 0, 0, 0, 0, 0, 0, 0, 0, 0, 0, 0, 0, 0, 0, 0, 0, 0, 0, 0, 0, 0, 0, 0,
       0, 0, 0, 0, 0, 0, 0, 0, 0, 0, 0, 0, 0, 0, 0, 0, 0, 0, 0, 0, 0, 0, 0, 0,
```

```
0, 0, 0, 0, 0, 0, 1, 1, 1, 1, 1, 1, 1, 1, 1, 1, 1, 1, 1, 1, 1, 1, 1,
1, 1, 1, 1, 1, 1, 1, 1, 1, 1, 1, 1, 1, 1, 1, 1, 1, 1, 1, 1, 1, 1, 1,
1, 1, 1, 1, 1, 1, 1, 1, 1, 1, 1, 1, 2, 2, 2, 2, 2, 2, 2, 2, 2, 2,
2, 2, 2, 2, 2, 2, 2, 2, 2, 2, 2, 2, 2, 2, 2, 2, 2, 2, 2, 2, 2,
2, 2, 2, 2, 2, 2, 2, 2, 2, 2, 2, 2, 2, 2, 2, 2, 2, 2])
```

可以看出,共有 150 个标签、3 个类别(分别用 0、1、2 数字来代表 setosa、versicolor、virginica)。

下面使用 Pandas 的 DataFrame 将 X 和 y 合并,展示一下数据集的内容。

```
1. iris_data = pd. DataFrame( iris. data,
2.                        columns=iris. feature_names )
3. iris_data['species'] = iris. target_names[iris. target]
4. iris_data. head(3). append(iris_data. tail(3))
```

运行结果见图 3 - 27。

	sepal length (cm)	sepal width (cm)	petal length (cm)	petal width (cm)	species
0	5.1	3.5	1.4	0.2	setosa
1	4.9	3.0	1.4	0.2	setosa
2	4.7	3.2	1.3	0.2	setosa
147	6.5	3.0	5.2	2.0	virginica
148	6.2	3.4	5.4	2.3	virginica
149	5.9	3.0	5.1	1.8	virginica

图 3 - 27　鸢尾花数据集

关于 Sklearn 中模型的具体使用用法,将在后面的章节进行介绍。

第二部分 中级篇

- 描述性统计分析与数据可视化
- 统计推断
- 数据预处理

第4章 描述性统计分析与数据可视化

描述性统计是借助图表或总结性的数值来描述数据的统计手段。人们可借助描述性统计来描绘或总结数据的基本情况:①可以梳理自己的思维;②可以更好地向他人展示数据分析结果。数值分析的过程中,往往要计算出数据的统计特征,用来做科学计算的 NumPy 和 SciPy 工具可以满足我们的需求。Matpotlob 工具可用来绘图形,满足图形分析的需求。

如前文所述,NumPy 提供了 Python 科学计算的基础数据结构,即 ndarray。NumPy 里面所有的函数都是围绕 ndarray 展开的。而 Scipy 与 Numpy 的联系十分密切,Scipy 以 NumPy 的数据结构为基础,因此,在安装 Scipy 前需要先安装好 Numpy。实际操作中,结合 Numpy 和 Scipy 可以高效率地解决问题。

4.1 描述性统计分析

4.1.1 基本概念

变量:是指一个可以取两个或更多个可能值的特征、特性或属性。

数据:是变量的观测值或试验结果。

总体:包含所有需要研究的个体。

样本:是总体的一个被选中的部分。

描述性统计:应用分类、制表、图形以及概括性数据指标来描述数据分布特征的方法。结论不能推及总体。

推断性统计:利用样本数据来推断总体特征的方法,结论适用于总体。

与 Python 中原生的 List 类型不同,Numpy 中用 ndarray 类型来描述一组数据(见表 4-1):

表 4-1 描述性统计函数表

包	方　法	说　明
numpy	array	创造一组数
numpy. random	normal	创造一组服从正态分布的定量数
numpy. random	randint	创造一组服从均匀分布的定性数
numpy	mean	计算均值
numpy	median	计算中位数

续表

包	方 法	说 明
scipy. stats	mode	计算众数
numpy	ptp	计算极差
numpy	var	计算方差
numpy	std	计算标准差
numpy	cov	计算协方差
numpy	corrcoef	计算相关系数

```
1. from numpy import array
2. from numpy. random import normal, randint
3. #使用 List 来创造一组数据
4. data = [1, 2, 3]
5. #使用 ndarray 来创造一组数据
6. data = array([1, 2, 3])
7. #创造一组服从正态分布的定量数据
8. data = normal(0, 10, size=10)
9. #创造一组服从均匀分布的定性数据
10. data = randint(0, 10, size=10)
```

4.1.2　平均水平(均值、中位数、众数)

数据的平均水平是我们最容易想到的数据特征。如果要对新数据进行预测,那么平均情况是非常直观的选择。数据的平均水平可分为均值(Mean)、中位数(Median)、众数(Mode)。其中均值和中位数是用于定量的数据,众数是用于定性的数据。均值相对中位数来说,包含的信息量更大,但是容易受异常的影响。使用 NumPy 计算均值与中位数,对定性数据来说,众数是出现次数最多的值,使用 SciPy 计算众数:

```
1. from numpy import mean, median
2. from scipy. stats import mode
3. #计算均值
4. mean(data)
5. #计算中位数
6. median(data)
7. #计算众数
8. mode(data)
```

4.1.3　离散程度(极差、方差、标准差、变异系数)

对数据的平均水平有所了解以后,一般想要知道数据以平均水平为标准有多发散。如果以平均水平来预测新数据,那么离散程度决定了预测的准确性。数据的离散程度可用极差

（PTP）、方差（Variance）、标准差（STD）、变异系数（CV）来衡量，它们的计算方法如下：

$$\text{PTP} = \max(\text{Data}) - \min(\text{Data}) \tag{4-1}$$

$$\text{Variance} = \frac{\sum_{i=1}^{N}(\text{Data}[i] - \text{Mean})}{N} \tag{4-2}$$

$$\text{STD} = \sqrt{\text{Variance}} \tag{4-3}$$

$$\text{CV} = \frac{\text{STD}}{\text{Mean}} \tag{4-4}$$

极差是只考虑了最大值和最小值的离散程度指标，相对来说，方差包含了更多的信息，标准差基于方差，但与原始数据同量级，变异系数基于标准差，但是进行了无量纲处理。使用 NumPy 计算极差、方差、标准差和变异系数：

```
1. from numpy import mean, ptp, var, std
2. ♯极差
3. ptp(data)
4. ♯方差
5. var(data)
6. ♯标准差
7. std(data)
8. ♯变异系数
9. mean(data) / std(data)
```

4.1.4　偏差程度（Z-Score）

之前提到均值容易受异常值影响，那么如何衡量偏差，偏差到多少算异常是两个必须要解决的问题。定义 Z-Score 为测量值距均值相差的标准差数目，则有

$$\text{Z-Score} = \frac{X - \text{Mean}}{\text{STD}} \tag{4-5}$$

当标准差不为 0，且不为较接近于 0 的数时，Z-Score 是有意义的，通常来说，Z-Score 的绝对值大于 3 将视为异常。使用 NumPy 计算 Z-Score：

```
1. from numpy import mean, std
2. ♯计算第一个值的 Z-Score
3. (data[0] - mean(data)) / std(data)
```

4.1.5　相关程度

有两组数据时，我们关心这两组数据是否相关，相关程度有多大。用协方差（COV）和相关系数（CORRCOEF）来衡量相关程度，则有

$$\text{COV} = \frac{\sum_{i=1}^{N}(\text{Data}_1[i] - \text{Mean}_1) \times (\text{Data}_2[i] - \text{Mean}_2)}{N} \tag{4-6}$$

$$CORRCOEF = \frac{COV}{STD_1 \times STD_2} \tag{4-7}$$

协方差的绝对值越大,表相关程度越大,协方差为正值表示正相关,负值为负相关,0 为不相关。相关系数是基于协方差但进行了无量纲处理。使用 NumPy 计算协方差和相关系数:

```
1. from numpy import array, cov, corrcoef
2. data = array([data1, data2])
3. #计算两组数的协方差
4. #参数 bias=1 表示结果需要除以 N,否则只计算了分子部分
5. #返回结果为矩阵,第 i 行第 j 列的数据表示第 i 组数与第 j 组数的协方差。对角线为方差
6. cov(data, bias=1)
7. #计算两组数的相关系数
8. #返回结果为矩阵,第 i 行第 j 列的数据表示第 i 组数与第 j 组数的相关系数。对角线为 1
9. corrcoef(data)
```

4.2　数据可视化

使用图形分析可以更加直观地展示数据的分布(如频数分析)和关系(如关系分析)。柱状图和饼形图是对定性数据进行频数分析的常用工具,使用前需将每一类的频数计算出来。直方图和累积曲线是对定量数据进行频数分析的常用工具,直方图对应密度函数,而累积曲线对应分布函数。散点图可用来对两组数据的关系进行描述。在没有分析目标时,需要对数据进行探索性的分析,箱形图将帮助我们完成这一任务。

表 4-2 列出了 Matplotlib 库中常见图形的绘图函数。

表 4-2　**Matplotlib 绘图函数**

函　数	说　明
bar	柱状图
pie	饼形图
hist	直方图 & 累积曲线
scatter	散点图
boxplot	箱形图
xticks	设置柱的文字说明
xlabel	横坐标的文字说明
ylabel	纵坐标的文字说明
title	标　题
show	绘图

在此,我们使用一组容量为 8 000 的男学生的身高、体重、成绩数据来讲解如何使用 Matplotlib 绘制以上图形,创建数据的代码如下:

```
1. from numpy import array
2. from numpy. random import normal
3. def genData()：
4.     heights = []
5.     weights = []
6.     grades = []
7.     N = 8000
8. for i in range(N)：
9. while True：
10. ♯身高服从均值175,标准差为5的正态分布
11.             height = normal(175，5)
12. if 0 < height: break
13. while True：
14. ♯体重由身高作为自变量的线性回归模型产生,误差服从标准正态分布
15.             weight = (height - 80) * 0.7 + normal(0,1)
16. if 0 < weight: break
17. while True：
18. ♯分数服从均值为70,标准差为15的正态分布
19.             score = normal(70，15)
20. if 0 <= score and score <= 100：
21.                 grade = 'E' if score < 60 else ('D' if score < 70 else ('C' if score < 80 else ('B'
' if score < 90 else 'A')))
22. break
23.             heights. append(height)
24.             weights. append(weight)
25.             grades. append(grade)
26. return array(heights)，array(weights)，array(grades)
27. heights, weights, grades = genData()
```

4.2.1　频数分析(柱状图、饼图、直方图)

柱状图 4-1 是以柱的高度来指代某种类型的频数。使用 Matplotlib 对成绩这一定性变量绘制柱状图的代码如下：

```
1. from matplotlib import pyplot
2. ♯绘制柱状图
3. def drawBar(grades)：
4.     xticks = ['A', 'B', 'C', 'D', 'E']
5.     gradeGroup = {}
6. ♯对每一类成绩进行频数统计
7. for grade in grades：
8.         gradeGroup[grade] = gradeGroup. get(grade, 0) + 1
9. ♯创建柱状图
```

```
10. ♯第一个参数为柱的横坐标
11. ♯第二个参数为柱的高度
12. ♯参数 align 为柱的对齐方式,以第一个参数为参考标准
13.     pyplot.bar(range(5),[gradeGroup.get(xtick,0)for xtick in xticks],align='center')
14. ♯设置柱的文字说明
15. ♯第一个参数为文字说明的横坐标
16. ♯第二个参数为文字说明的内容
17.     pyplot.xticks(range(5),xticks)
18. ♯设置横坐标的文字说明
19.     pyplot.xlabel('Grade')
20. ♯设置纵坐标的文字说明
21.     pyplot.ylabel('Frequency')
22. ♯设置标题
23.     pyplot.title('Grades Of Male Students')
24. ♯绘图
25.     pyplot.show()
26. drawBar(grades)
```

运行结果如图 4-1 所示。

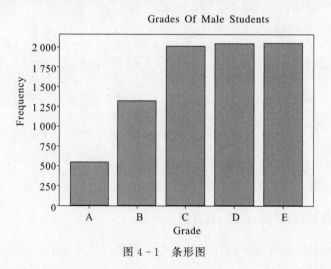

图 4-1 条形图

饼形图 4-2 是以扇形的面积来指代某种类型的频率,使用 Matplotlib 对成绩这一定性变量绘制饼形图的代码如下:

```
1. from matplotlib import pyplot
2. ♯绘制饼形图
3. def drawPie(grades):
4.     labels = ['A','B','C','D','E']
5.     gradeGroup = {}
6. for grade in grades:
7.         gradeGroup[grade] = gradeGroup.get(grade,0) + 1
```

```
8.  #创建饼形图
9.  #第一个参数为扇形的面积
10. #labels参数为扇形的说明文字
11. #autopct参数为扇形占比的显示格式
12.     pyplot.pie([gradeGroup.get(label, 0) for label in labels], labels=labels, autopct='%1.
1f%%')
13.     pyplot.title('Grades Of Male Students')
14.     pyplot.show()
15. drawPie(grades)
```

运行结果如图4-2所示。

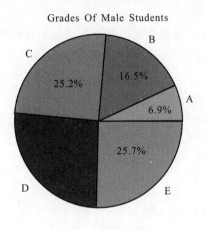

图4-2　饼形图

　　直方图类似于柱状图,是用柱的高度来指代频数,不同的是其将定量数据划分为若干连续的区间,在这些连续的区间上绘制柱。使用Matplotlib对身高这一定量变量绘制直方图的代码如下:

```
1.  from matplotlib import pyplot
2.  #绘制直方图
3.  def drawHist(heights):
4.  #创建直方图
5.  #第一个参数为待绘制的定量数据,不同于定性数据,这里并没有事先进行频数统计
6.  #第二个参数为划分的区间个数
7.      pyplot.hist(heights, 50, edgecolor='white')
8.      pyplot.xlabel('Heights')
9.      pyplot.ylabel('Frequency')
10.     pyplot.title('Heights Of Male Students')
11.     pyplot.show()
12. drawHist(heights)
```

　　运行结果如图4-3所示。直方图对应数据的密度函数,身高变量服从正态分布,从绘制出来的直方图上也可以直观地看出来。

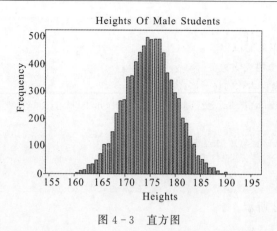

图 4 - 3　直方图

使用 Matplotlib 对身高这一定量变量绘制累积曲线的代码如下：

```
1. from matplotlib import pyplot
2. #绘制累积曲线
3. def drawCumulativeHist(heights):
4. #创建累积曲线
5. #第一个参数为待绘制的定量数据
6. #第二个参数为划分的区间个数
7. #normed 参数为是否无量纲化
8. #histtype 参数为'step',绘制阶梯状的曲线
9. #cumulative 参数为是否累积
10.     pyplot.hist(heights, 20,density=True, histtype='step', cumulative=True)
11.     pyplot.xlabel('Heights')
12.     pyplot.ylabel('Frequency')
13.     pyplot.title('Heights Of Male Students')
14.     pyplot.show()
15. drawCumulativeHist(heights)
```

运行结果如图 4 - 4 所示。累积曲线对应数据的分布函数,身高变量服从正态分布,从绘制出来的累积曲线图上也可以直观地看出来。

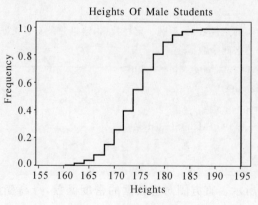

图 4 - 4　累积曲线图

4.2.2　相关分析(散点图)

在散点图中,分别以自变量和因变量作为横、纵坐标。当自变量与因变量线性相关时,在散点图中,点近似地分布在一条直线上。以身高作为自变量,体重作为因变量,讨论身高对体重的影响。使用 Matplotlib 绘制散点图的代码如下:

```
1. from matplotlib import pyplot
2. ♯绘制散点图
3. def drawScatter(heights, weights):
4. ♯创建散点图
5. ♯第一个参数为点的横坐标
6. ♯第二个参数为点的纵坐标
7. pyplot. scatter(heights, weights, s=0.3)
8. pyplot. xlabel('Heights')
9. pyplot. ylabel('Weights')
10. pyplot. title('Heights & Weights Of Male Students')
11. pyplot. show()
12. drawScatter(heights, weights)
```

在创建数据时,体重这一变量的确是由身高变量通过线性回归产生,绘制出来的散点图如图 4 - 5 所示。

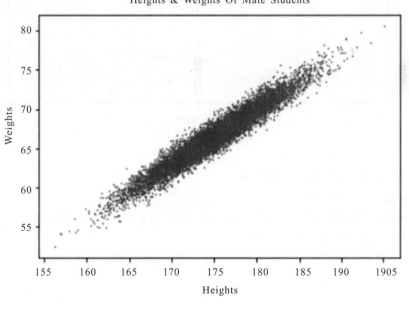

图 4 - 5　散点图

4.2.3　探索分析(箱形图)

在不明确数据分析的目标时,可以对数据进行一些探索性的分析,如数据的平均水平、离散程度及偏差程度。使用 Matplotlib 绘制关于身高的箱形图的代码如下:

```
1. from matplotlib import pyplot
2. #绘制箱形图
3. def drawBox(heights)：
4. #创建箱形图
5. #第一个参数为待绘制的定量数据
6. #第二个参数为数据的文字说明
7.     pyplot.boxplot([heights], labels=['Heights'])
8.     pyplot.title('Heights Of Male Students')
9.     pyplot.show()
10. drawBox(heights)
```

运行结果如图 4-6 所示。

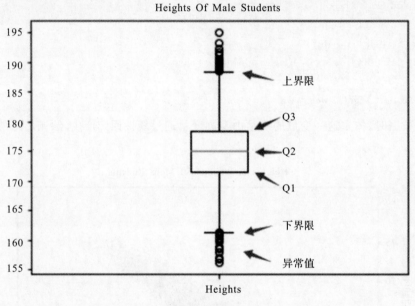

图 4-6　箱形图

绘制出来的箱形图中,包含 3 种信息：

(1)Q_2 所指的线为中位数。

(2)Q_1 所指的框下侧为下四分位数,Q_3 所指的框上侧为上四分位数,Q_3-Q_1 为四分位差。四分位差也是衡量数据的离散程度的指标之一。

(3)上界线和下界线是距离中位数 1.5 倍四分位差的线,高于上界线或低于下界线的数据为异常值。

第5章 统计推断

也许有人会使用数百种统计假设检验,但在数据分析项目中一般只需要使用一小部分。由于概率论与数理统计课程中已经详细介绍过统计假设检验的基本原理和方法,本章节侧重简要介绍假设检验和相关分析的思想、用途和 Python 实现。学习本章时,建议侧重掌握检验的名称、检验的内容、检验的前提假设、如何解释检验结果、用于使用检验的 Python 接口。对于给定的关注点,一般无法通过统计数据获得清晰的问题答案,往往得到的是概率答案。因此,可能需要进行多种不同的检验。

5.1 假设检验

5.1.1 假设检验的原理和流程

生活中,企图肯定某件事情很难,但否定某件事相对容易,这就是假设检验背后的哲学。在假设检验中往往需要先设立一个原假设,也称为零假设(null hypothesis),记为 H_0。多数情况是以否定原假设为目标的,与此同时必须提出备选假设,也称为备择假设(alternative hypothesis)),记为 H_1。

有了两个假设,需要根据数据来进行判断。数据需要转化为其函数统计量,称为检验统计量(test statistic)。根据零假设得到该检验统计量的分布,然后将数据代入检验统计量,检查是否属于小概率事件。如果结果显示为小概率事件,那么拒绝零假设,或者"该检验显著";否则为无法拒绝零假设,或者"该检验不显著"。因此,假设检验也被称为显著性检验(significant test)。

在零假设下,数据代入检验统计量得到极端值的概率称为 p-值(p-value)。一般而言,如果得到的 p-值很小,就意味着在零假设下小概率事件发生了,就要拒绝零假设。p-值低于什么水平才能够拒绝零假设呢?这就需要提前规定一个概率称为显著性水平(significant level),用字母 a 来表示。a 的一般取值分别为 $0.05, 0.01, 0.005, 0.001$ 等。

然而,小概率事件并不是不可能发生的,只是其发生的概率很小而已。拒绝正确零假设的错误常被称为第一类错误(type I error)。a 是所允许犯第一类错误概率的最大值。相反地,在备选假设正确时反而说零假设正确的错误,称为第二类错误(type II error)。事实上,a 并不一定越小越好,因为这很可能导致不容易拒绝零假设,使得犯第二类错误的概率增大。

假设检验的一般流程如下:

(1)提出零假设和备选假设;

（2）确定检验统计量；

（3）确定显著性水平 a；

（4）根据数据计算检验统计量的实现值；

（5）根据这个实现值计算 p－值；

（6）进行判断：如果 p－值小于或等于 a，就拒绝零假设，这时犯（第一类）错误的概率最多为 a；否则，不拒绝零假设。

5.1.2　几种常见的假设检验

1. 检查数据是否具有高斯分布的统计检验

W 检验（SHAPIRO － WILK TEST）。

检验数据样本是否具有高斯分布。

前提假设：

• 每个样本中的观察是独立同分布的（iid）。

内容：

• H_0：样本具有高斯分布。

• H_1：样本没有高斯分布。

```
1. from scipy. stats import shapiro
2. data1＝…
3. stat，p＝ shapiro(data)
```

D'AGOSTINO'S K^2 TEST 检验。

检验数据样本是否具有高斯分布。

前提假设：

• 每个样本中的观察是独立同分布的（iid）。

内容：

• H_0：样本具有高斯分布。

• H_1：样本没有高斯分布。

```
1. from scipy. stats import normaltest
2. data1＝…
3. stat，p＝ normaltest(data)
```

ANDERSON － DARLING 检验。

检验数据样本是否具有高斯分布。

前提假设：

• 每个样本中的观察是独立同分布的（iid）。

内容：

• H_0：样本具有高斯分布。

• H_1：样本没有高斯分布。

```
1. from scipy. stats import anderson
2. data1＝…
3. result＝ anderson(data)
```

2. 比较数据样本的统计检验

T 检验(STUDENT'S T - TEST)。

检验两个独立样本的均值是否存在显著差异。

前提假设：

- 每个样本中的观察是独立同分布的(iid)。
- 每个样本的观察都是正态分布的。
- 每个样本中的观察具有相同的方差。

内容：

- H_0:样本的均值相等。
- H_1:样本的均值不相等。

```
1. from scipy. stats import ttest_ind
2. data1，data2= …
3. stat，p= ttest_ind(data1，data2)
```

配对 T 检验(PAIRED STUDENT'S T - TEST)。

检验两个配对样本的均值是否存在显著差异。

前提假设：

- 每个样本中的观察是独立同分布的(iid)。
- 每个样本的观察都是正态分布的。
- 每个样本中的观察具有相同的方差。
- 每个样本的观察结果是成对的。

内容：

- H_0:样本的均值相等。
- H_1:样本的均值不相等。

```
1. from scipy. stats import ttest_rel
2. data1，data2= …
3. stat，p= ttest_rel(data1，data2)
```

方差分析(ANOVA)。

测试两个或两个以上独立样本的均值是否存在显著差异。

前提假设：

- 每个样本中的观察是独立同分布的(iid)。
- 每个样本的观察都是正态分布的。
- 每个样本中的观察具有相同的方差。

内容：

- H_0:两个或两个以上样本的均值相等。
- H_1:两个或两个以上样本的均值不相等。

```
1. from scipy. stats import f_oneway
2. data1，data2，…= …
3. stat，p= f_oneway(data1，data2，…)
```

3. 非参数统计假设检验

曼-惠特尼 U 检验(MANN－WHITNEY U TEST)。

检验两个独立样本的分布是否均等。

前提假设:

- 每个样本中的观察是独立同分布的(iid)。
- 可以对每个样本中的观察进行排序。

内容:

- H_0:两个样本的分布均等。
- H_1:两个样本的分布不均等。

```
1. from scipy. stats import mannwhitneyu
2. data1, data2= …
3. stat, p= mannwhitneyu(data1, data2)
```

威尔科克森符号秩检验(WILCOXON SIGNED－RANK TEST)。

检验两个配对样本的分布是否均等。

前提假设:

- 每个样本中的观察是独立同分布的(iid)。
- 可以对每个样本中的观察进行排序。

内容:

- H_0:两个样本的分布均等。
- H_1:两个样本的分布不均等。

```
1. from scipy. stats import wilcoxon
2. data1, data2= …
3. stat, p= wilcoxon(data1, data2)
```

KRUSKAL－WALLIS H 检验(KRUSKAL－WALLIS H TEST)。

检验两个或多个独立样本的分布是否均等。

前提假设:

- 每个样本中的观察是独立同分布的(iid)。
- 可以对每个样本中的观察进行排序。

内容:

- H_0:两个或多个样本的分布均等。
- H_1:两个或多个样本的分布不均等。

```
1. from scipy. stats import kruskal
2. data1, data2, …= …
3. stat, p= kruskal(data1, data2, …)
```

FRIEDMAN 检验(FRIEDMAN TEST)。

检验两个或多个配对样本的分布是否均等。

前提假设:

- 每个样本中的观察是独立同分布的(iid)。

- 可以对每个样本中的观察进行排序。
- 每个样本的观察是成对的。

内容：
- H_0：两个或多个样本的分布均等。
- H_1：两个或多个样本的分布不均等。

```
1. from scipy. stats import friedmanchisquare
2. data1，data2，… = …
3. stat，p= friedmanchisquare(data1，data2，…)
```

5.2　相关分析

　　当一个或几个相互联系的变量取一定的数值时，与之对应的另一变量的值虽然不确定，但它按某种规律在一定的范围内变化，这种相互关系称为具有不确定性的相关关系，简称相关关系。

　　因果关系必定是相关关系，而相关关系不一定是因果关系。相关关系可以同时存在于两者以上之间，而因果关系只存在于两者之间，其中一个为因，另一个为果。因果关系往往难以证明，相关关系可以提供可能性，并用于推测因果关系。

5.2.1　相关系数

　　为了更加准确地描述数值型变量之间的线性相关程度，可以通过计算相关系数来进行分析。常用的相关系数如下：

　　(1)皮尔逊相关系数(PEARSON CORRELATION COEFFICIENT)：用于衡量两个变量线性相关性的强弱，是在方差和协方差的基础上得到的，对异常值敏感。适用于两个变量为连续数据，且服从或接近正态分布的单峰分布的情况。

```
1. from scipy. stats import pearsonr
2. data1，data2= …
3. corr，p= pearsonr(data1，data2)
```

　　(2)SPEARMAN 相关系数(SPEARMAN'S RANK CORRELATION)：用于衡量两个变量之间联系(变化趋势)的强弱，是在秩(排序)的相对大小基础上得到，对异常值更稳健。适用于两个变量均为连续数据或等级数据的情况。

```
1. from scipy. stats import spearmanr
2. data1，data2= …
3. corr，p= spearmanr(data1，data2)
```

　　(3)KENDALL 秩相关系数(KENDALL'S RANK CORRELATION)：基于协同思想得到，衡量变量之间的协同趋势，对异常值稳健。适用于两个变量均为连续数据或等级数据的情况。

```
1. from scipy. stats import kendalltau
2. data1，data2= …
3. corr，p= kendalltau(data1，data2)
```

以上三种相关系数取值均介于 -1 与 1 之间。大于 0 且小于 1 时,表示两个变量为正相关关系;大于 -1 且小于 0 时,表示两个变量为负相关关系;越接近于 1 或 -1,表示相关程度越强;越接近于 0,表示相关程度越弱;为 0 时,只能说明两个变量无线性相关关系,不能说无相关关系。

5.2.2 卡方检验

卡方检验(CHI-SQUARED TEST)是一种用途很广的计数资料的假设检验,对总体的分布不做任何假设,因此,它属于非参数检验方法中的一种。其根本思想就是在于比较理论频数和实际频数的差异程度。可以分为如下两种类型:

(1)卡方拟合性检验:用于判断不同类型结果的比例分布相对于一个期望分布的拟合程度。

(2)卡方独立性检验:用于研究两个分类变量之间的相关性。

卡方独立性检验原理:

H_0:两个变量不相关;

H_1:两个变量相关。

在大样本时,卡方统计量 $\chi^2 = \sum (A - T)^2 / T$ 在零假设下具有近似的卡方分布。

如果该统计量很大,使得 $p-$ 值很小,就可以拒绝零假设,认为两个变量相关。

```
1. from scipy. stats import chi2_contingency
2. table= …
3. stat, p, dof, expected= chi2_contingency(table)
```

第6章 数据预处理

要想从数据中获取准确、可用的信息,就要保证数据的质量。一般来讲,在实际系统中,由于数据采集设备故障、数据传输错误、服务器导入数据错误、人为录入错误等原因,采集的数据中难免存在一些"不合理"数据,这些数据的存在会影响数据分析的质量,甚至会导致错误的分析结果,给决策带来严重的不良后果。因此,必须设计合理、有效的算法,对这些数据进行处理,这个过程称为数据预处理。衡量数据质量因素包括准确性、完整性、一致性、时效性、可信性、可解释性等。

数据处理一般包括数据清洗、数据集成、数据变换和数据归约等。数据清洗是数据预处理的必经过程,主要包括错误数据剔除、异常数据剔除和缺失数据补偿等步骤;数据集成是将多个数据库、数据立方体或文件中需要的信息汇集到一起;数据变换主要分为规范化和离散化;数据归约是将数据集压缩表示,压缩后的数据集小得多,但可以得到相同或相近的结果。

6.1 数据清洗

6.1.1 数据清洗的方法概述

在工程领域,数据库中的数据一般都是按周期存储的,这些数据来源于各种传感器。数据传输会经过多个环节,任一个环节工作不正常,都会影响数据质量,因此,远端数据库的数据中常常含有明显不符合业务逻辑的数据(错误数据),或符合业务逻辑,但某种数据特征异常的数据(异常数据),以及在某个或某些采样周期丢失的数据(缺失数据)。为了提高数据质量,就需要对这些数据进行数据清洗。数据清洗是数据预处理的第一个环节,主要涉及如下三个方面内容:

1. 错误数据剔除

错误数据是明显不符合业务逻辑的数据。例如,车行速度 v 应该是大于或等于 0 的,但由于数据传输错误,会出现如 -60 的情况。此时,如果不进行错误数据剔除,将对分析的结果造成不良影响。错误数据剔除处理的方法往往比较简单,通常只需要设定合理的规则或阈值,就可以将其剔除。

2. 异常数据处理

异常数据是由于被测量变量中存在随机错误或偏差造成的。它对数据统计特征,如相关性、均值、方差都会产生不利影响,因此,需要在数据预处理时予以剔除。与错误数据不同,异常数据仅通过设置规则或阈值是无法有效剔除的,必须通过统计分析方法或设计合理的算法才能解决。常用处理方法包括直接删除、暂且保留、待结合整体模型综合分析、利用现有样本信息的统计量填充(如均值等)。

3. 缺失数据补偿

正常情况下,数据库中的数据是按照采样周期顺序存储的。但是有时会因为设备异常掉电、输出传输错误等原因造成某一周期,甚至某些周期数据缺失,使得存储在数据库中的数据不连续,对数据挖掘算法的应用可能会产生不良影响。因此,在有些情况下,为了满足算法应用的要求,需要对缺失数据进行补偿。需要说明的是,缺失数据是否需要补偿是根据分析的目标决定的。如果缺失数据对分析过程影响不大或可以用其他方式替代,那么最好不补偿,因为补偿毕竟不是测量的真实数据。常用的缺失数据补偿方法包括基于时间序列的补偿方法和基于历史数据的补偿方法。

基于时间序列的补偿方法考虑相邻时刻数据之间的相关性,认为数据之间具有时间上的关联性。例如,因为人体中相邻周期血压值具有时间相关性,所以可以采用此种方法进行缺失数据补偿。

基于历史数据的补偿方法考虑相同周期数据之间的相关性,认为同一周期数据满足相同的统计特征(或变化)。例如,因为城市道路每个星期一早高峰的车流总量、每年高温天气的总天数、同期蔬菜价格等都具有历史相关性,所以可以采用此种方法进行缺失数据补偿。

6.1.2　几种常用数据清洗示例

1. 一种基于 3σ 准则的异常数据剔除算法

自然界中绝大多数现象均按正态形式分布,称为正态分布。随机变量 X 的正态分布概率密度函数如下:

$$f(x) = \frac{1}{\sqrt{2\pi}\sigma}\exp\left[-\frac{(x-\mu)^2}{2\sigma^2}\right] \tag{3-1}$$

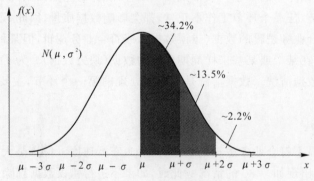

图 6-1　正态分布曲线示意图

式中,

$$\mu = \frac{1}{n}\sum_{i=1}^{n}x_i = \frac{1}{n}(x_1 + x_2 + \cdots + x_n) \tag{3-2}$$

为随机变量平均值;

$$\sigma = \sqrt{\frac{1}{n}\sum_{i=1}^{n}(x_i-\mu)^2} \tag{3-3}$$

为标准差。

从图 6-1 可见,正态分布概率密度函数在平均值 μ 两端呈对称分布,随机变量 X 的取值落在区间 $(\mu-\sigma,\mu+\sigma)$ 的概率约为 $34.2\% \times 2 = 68.4\%$,落在区间 $(\mu-2\sigma,\mu+2\sigma)$ 的概率约为 $(34.2\%+13.5\%) \times 2 = 95.4\%$,落在区间 $(\mu-3\sigma,\mu+3\sigma)$ 的概率为 $(34.2\%+13.5\%+2.2\%) \times 2 = 99.8\%$。因此,随机变量 X 的取值落在区间 $(\mu-3\sigma,\mu+3\sigma)$ 之外的概率约 $1-99.8\% = 0.2\% < 3‰$。

曲线 $f(x)$ 与横轴围成的面积总等于 1,相当于概率密度函数从正无穷到负无穷积分的概率为 1 或频率的总和为 100%。按"小概率事件"和假设检验的基本思想,得发生概率小于 5% 的事件,认为在一次试验中是几乎不可能发生的。按正态分布的 3σ 准则,得随机变量 X 落在区间 $(\mu-3\sigma,\mu+3\sigma)$ 以外的概率小于 $3‰$。在实际问题中常认为相应的事件是不会发生的,基本上可以把区间 $(\mu-3\sigma,\mu+3\sigma)$ 看成是随机变量 X 实际可能的取值区间。因此,可以应用 3σ 准则进行异常数据剔除。算法流程如下:

(1) 获取数据集合 $X = \{x_1, x_2, \cdots, x_n\}$;

(2) 计算平均值 $\mu = \frac{1}{n}\sum_{i=1}^{n}x_i$ 和标准差 $\sigma = \sqrt{\frac{1}{n}\sum_{i=1}^{n}(x_i-\mu)^2}$;

(3) 遍历随机变量 X 中的所有数据 $x_i(i=1,2,\cdots,n)$。若 $|x_i-\mu| > 3\sigma$,则剔除。

(4) 结束。

2. 最小样本判别算法

异常数据剔除以后,会导致样本数量减少,样本量具体是多少才可以满足分析要求需要一个可信的评价参考,最小样本判别提供了较好的理论支撑。

所谓最小样本判别,就是根据统计数据特征和统计分布理论,给出能够有效评价研究问题的最小样本数。只有当现有样本数不少于最小样本数时,根据现有样本给出的信息才是可信的,否则,必须对样本量进行补充,至少达到最小样本量的要求,才能获得可信信息。最小样本量的计算公式为

$$n = \frac{Z^2\sigma^2}{E^2} \tag{3-4}$$

式中,Z 为与样本置信度相关的统计量,置信度一般取 95% 和 90%。当置信度为 95% 时,$Z = 1.96$,置信度为 90% 时,$Z = 1.64$;此处的置信度也称为置信水平,表示样本值落在某个区间范围的概率(或称可信度)。实际应用时,可以根据系统精度要求,利用公式(3-4)对分析样本从数量上进行评估,判断分析结果是否可信。因为最小样本量与 Z 和 E 的选取有关,所以结果是一个估计值,只要分析用样本量与最小样本估计量差别不是很大,一般就认为结果可信度较高。

3. 基于时间序列的数据补偿方法

对于具有时序特征的少量非连续缺失数据补偿问题,可以通过前序时刻数据值进行补偿。补偿时,需要确定两个问题:一是选取多长时间的前序时刻数据;二是每个前序时刻的权值,这一般是由对比补偿效果确定的。补偿公式为

$$Y_t = \sum_{i=1}^{n} k_{t-i} Y_{t-i} \qquad (3-5)$$

式中，Y_t 为补偿值；Y_{t-i} 为 $(t-i)$ 时刻的数据值；k_{t-i} 为对应的加权系数，满足 $\sum_{i=1}^{n} k_{t-i} = 1$；$n$ 为选取的前序时刻数量。

4. 基于历史数据的补偿方法

若同周期历史数据比较多，则可以通过同周期历史数据统计值（如平均值）作为缺失数据补偿值。补偿公式为

$$Y_t = \frac{1}{n} \sum_{i=1}^{n} Y_{t_i} \qquad (3-6)$$

式中，Y_t 为补偿值，Y_{t_i} 为第 i 个同周期历史值，n 为选取的同周期历史数据总数。

例 1 下面以某海区的溶解氧数据表 6-1 为例，对上述算法的应用过程进行详细介绍。

（1）异常数据剔除。按算法流程，表中共有 150 组数据，数据的平均值为

$$\mu = \frac{1}{150} \sum_{i=1}^{150} x_i = \frac{1}{150}(8.02 + 7.51 + \cdots + 7.39 + 7.58) \approx 7.51$$

标准差为

$$\sigma = \sqrt{\frac{1}{150} \sum_{i=1}^{150} (x_i - \mu)^2}$$

$$= \sqrt{\frac{1}{150}[(8.02 - 7.51)^2 + (7.51 - 7.51)^2 + \cdots + (7.39 - 7.51)^2 + (7.58 - 7.51)^2]}$$

$$= 0.56$$

遍历 150 组数据，按 3σ 准则剔除的异常数据如下：第 129 组 5.85，第 135 组 5.81，第 140 组 5.84，第 148 组 5.61。最终得到剔除异常数据后的数据为 146 组。

（2）最小样本判别。按式（3-4）计算分析所需最小样本量：

取 Z 统计量，置信度为 95% 时，$Z = 1.96$；E 样本误差值取 5%。

平均值为

$$\mu = \frac{1}{146} \sum_{i=1}^{146} x_i = \frac{1}{146}(8.02 + 7.51 + \cdots + 7.39 + 7.58) \approx 7.56$$

方差为

$$\sigma^2 = \frac{1}{146} \sum_{i=1}^{146} (x_i - \mu)^2$$

$$= \frac{1}{146}[(8.02 - 7.56)^2 + (7.51 - 7.56)^2 + \cdots + (7.39 - 7.56)^2$$

$$+ (7.58 - 7.56)^2]$$

$$= 0.24$$

所需最小样本量为

$$n = \frac{Z^2 \sigma^2}{E^2} = \frac{1.96^2 \times 0.24}{0.05^2} \approx 368$$

由此可知，若按 $Z = 1.96$，$E = 5\%$ 的参数指标，能有效评估本海区溶解氧特征需要的最小

样本量为 368 个。由于表 6-1 中只列出了 150 组数据,因此,实际应用时,需要从数据库中提取更多数据以满足最小样本量要求。需要注意的话,最小样本量只是一个估计值,只要供分析的数据与计算出的最小样本量差别不是很大,可以应用已有样本量进行分析。

(3) 缺失数据补偿。

在表 6-1 中,假定第 5 组数据缺失,则按照基于时间序列的补偿方法,当取前三个前序值,权值分别选为 0.7,0.2,0.1 时,补偿值分别为

$$Y_5 = 0.7 \times 7.95 + 0.2 \times 7.53 + 0.1 \times 7.51 = 7.822$$

其补偿误差为

$$e = \frac{7.87 - 7.822}{7.87} = 0.61\%$$

需要说明的是,按照基于时间序列的补偿方法,一般越近邻时刻,选取的权值越大,并且权值的选择除可以按补偿误差确定之外,也可以通过历史数据挖掘的方式选取。

表 6-1　某海域溶解氧数据

编　号	数　值	编　号	数　值	编　号	数　值
1	8.02	51	7.78	101	6.44
2	7.51	52	7.62	102	6.91
3	7.53	53	7.82	103	6.63
4	7.95	54	7.58	104	7.76
5	7.87	55	7.55	105	7.29
6	7.94	56	8.04	106	7
7	8.09	57	7.85	107	6.44
8	8.09	58	8.09	108	7.83
9	7.65	59	7.66	109	5.98
10	7.81	60	8.04	110	5.91
11	7.8	61	7.72	111	6.23
12	7.9	62	8.01	112	6.08
13	7.75	63	7.74	113	7.62
14	7.98	64	7.85	114	7.88
15	7.53	65	8.04	115	7.62
16	8.02	66	7.56	116	6.82
17	7.89	67	7.54	117	7.82
18	7.96	68	7.62	118	7.26
19	7.75	69	8.03	119	7.02

续 表

编 号	数 值	编 号	数 值	编 号	数 值
20	7.6	70	7.81	120	7.42
21	8.08	71	7.76	121	7.12
22	7.63	72	7.9	122	7.78
23	7.81	73	8.07	123	6.43
24	7.97	74	7.55	124	6.88
25	7.7	75	7.93	125	7.32
26	7.77	76	8.06	126	7.12
27	7.56	77	7.99	127	7.4
28	7.66	78	7.59	128	6.17
29	7.82	79	7.75	129	5.85
30	7.73	80	7.99	130	6.38
31	7.59	81	7.65	131	7.03
32	7.65	82	7.51	132	7.84
33	7.79	83	7.95	133	7.68
34	7.65	84	7.64	134	7.78
35	7.67	85	7.73	135	5.81
36	8.02	86	7.62	136	7.84
37	7.62	87	7.83	137	7.28
38	7.64	88	7.79	138	6.71
39	7.72	89	7.84	139	7.81
40	7.78	90	7.82	140	5.84
41	7.5	91	7.56	141	7.7
42	7.92	92	7.83	142	6.18
43	7.71	93	8.04	143	7.85
44	7.76	94	7.59	144	6.55
45	7.78	95	8.02	145	7.15
46	7.68	96	7.65	146	6.87
47	7.89	97	7.6	147	7.18
48	7.54	98	8.07	148	5.61
49	7.94	99	6.79	149	7.39
50	7.52	100	6.6	150	7.58

6.2 数 据 集 成

数据分析需要的数据往往分布在不同的数据源中。数据集成就是将多个数据源(如数据库、数据立方或一般文件)中的数据合并、存放在一个一致的数据存储(如数据仓库)中的过程。

Pandas 中的一个重量级数据处理功能是对多个 DataFrame 进行合并与连接,对应 SQL 中的两个非常重要的操作:union 和 join。

Pandas 完成这两个功能主要依赖以下函数:

(1)merge():完全类似于 SQL 中的 join 语法,仅支持横向拼接,通过设置连接字段,实现对同一记录的不同列信息连接,支持 inner、left、right 和 outer 四种连接方式,但只能实现 SQL 中的等值连接。

(2)join():语法和功能与 merge()一致,不同的是 merge()既可以用 Pandas 接口调用,也可以用 DataFrame 对象接口调用,而 join()只适用于 DataFrame 对象接口。

(3)concat():与 NumPy 中的 concatenate()函数类似,但功能更为强大,可通过一个 axis 参数设置是横向或拼接,要求非拼接轴向标签唯一(如沿着行进行拼接时,要求每个 df 内部列名是唯一的,但两个 df 间可以重复,毕竟有相同列才有拼接的实际意义)。

(4)append():concat()执行 axis=0 时的一个简化接口,类似列表的 append()函数一样。

实际上,concat()通过设置 axis=1 也可实现与 merge()类似的效果,二者的区别在于 merge()允许连接字段重复,类似一对多或多对一连接,此时将产生笛卡儿积结果;而 concat()不允许重复,仅能一对一拼接。

下面对 merge()和 concat()进行重点讲解。

6.2.1 数据合并

merge()可以实现类似于 SQL 数据库中的主键合并操作,根据一个或多个键将不同的 DataFrame 横向连接在一起。语法格式如下:

pandas. merge(left, right, how='inner', on=None, left_on=None, right_on=None, left_index=False, right_index=False, sort=False, suffixes=('_x', '_y'), copy=True, indicator=False, validate=None)

merge()常用参数及其说明见表 6-2。

表 6-2 merge()常用参数及其说明

参数名称	说 明
left,right	参与合并的左、右侧 Dataframe
how	inner、outer、left、right 之一,默认为 inner
on	用于连接的列名,若未指定,则会自动选取要合并数据中相同的列名
left_on,right_on	左、右侧 Dataframe 中用作连接键的列
left_index,right_index	将左/右侧的行索引用作连接键

续 表

参数名称	说　明
sort	根据连接键对合并后的数据进行排序,默认为 True,有时在处理大数据集时,禁用该选项可获得更好的性能
suffixes	字符串元组,用于追加到重复列名的末尾,默认为('_x','_y')
copy	若为 False,则可在某些特殊情况下避免将数据复制到结果数据结构中,默认总是复制

(1)默认情况下,merge()做的是 inner 连接(内连接),通过传入参数 how,可以指定其他连接方式:left(左连接)、right(右连接)及 outer(外连接)。它们的区别如下:

· 内连接:合并所有行,结果中的键是交集。

· 左连接:合并之后显示 left 的所有行。

· 右连接:合并之后显示 right 的所有行。

· 外连接:合并 left 和 right 共有的所有行。

(2)默认情况下,merge()会将重叠列的列名作为键,可以显示地用 left_on 和 right_on 指定。

(3)DataFrame 中的连接键位于其索引上,此时可以传入 left_index＝True 或 right_index＝True(或两个都传)以说明索引应该被用作连接键。

6.2.2　数据连接

concat()可以将不同的 Series 或 DataFrame 按照指定的轴向连接在一起。语法格式如下:

> pandas. concat(objs, axis＝0, join＝'outer', ignore_index＝False, keys＝None, levels＝None, names＝None, verify_integrity＝False, sort＝False, copy＝True)

concat()常用参数及其说明见表 6－3。

表 6－3　concat()常用参数及其说明

参数名称	说　明
objs	接收多个 Series 或 DataFrame 的组合,表示参与连接的 Pandas 对象的列表的组合,无默认
axis	接收 0 或 1,表示连接的轴向,默认为 0
join	接收 inner 或 outer,表示其他轴向上的索引是按交集(inner)还是并集(outer)进行合并,默认为 outer
ignore_index	接收 boolean,表示是否不保留连接轴上的索引,产生一组新索引 range(total_length),默认为 False

1. 连接 Series

被连接 Series 的 index 可以重复,也可以不同。

例如,先定义三个 Series,它们的 index 各不同。

```
1. s1 = pd. Series([0, 1], index=['a', 'b'])
2. s2 = pd. Series([2, 3, 4], index=['c', 'd', 'e'])
3. s3 = pd. Series([5, 6], index=['f', 'g'])
```

然后沿着轴 0 连接得到一个更长的 Series。

```
1. pd. concat([s1, s2, s3])
```

运行结果如下:

```
a 0
b 1
c 2
d 3
e 4
f 5
g 6
dtype: int64
```

沿着轴 1 连接得到一个 DataFrame。

```
1. pd. concat([s1, s2, s3], axis=1)
```

运行结果如图 6-2 所示。

	0	1	2
a	0.0	NaN	NaN
b	1.0	NaN	NaN
c	NaN	2.0	NaN
d	NaN	3.0	NaN
e	NaN	4.0	NaN
f	NaN	NaN	5.0
g	NaN	NaN	6.0

图 6-2　concat 连接 Series(重复的 index)

将 s1 和 s3 沿轴 0 连接来创建 s4,这样 s4 和 s1 的 index 是有重复的。

```
1. s4 = pd. concat([s1, s3])
2. s4
```

运行结果如下:

```
a 0
b 1
```

```
f 5
g 6
dtype: int64
```

将 s1 和 s4 沿轴 1 内连接,即只连接它们共有 index 对应的值。

```
1. pd.concat([s1, s4], axis=1, join='inner')
```

运行结果如图 6-3 所示。

	0	1
a	0	0
b	1	1

图 6-3   concat 连接 Series(不重复的 index)

2. 连接 DataFrame

连接 DataFrame 的逻辑和连接 Series 的逻辑一模一样。

(1)沿着行连接(axis = 0)。

先创建两个 DataFrame,df1 和 df2。

```
1. df1 = pd.DataFrame( np.arange(12).reshape(3,4),
2.                     columns=['a','b','c','d'])
3. df1
```

运行结果如图 6-4 所示。

	a	b	c	d
0	0	1	2	3
1	4	5	6	7
2	8	9	10	11

图 6-4   沿着行连接 df1

```
1. df2 = pd.DataFrame( np.arange(6).reshape(2,3),
2.                     columns=['b','d','a'])
3. df2
```

运行结果如图 6-5 所示。

	b	d	a
0	0	1	2
1	3	4	5

图 6-5   沿着行连接 df2

沿着行连接分两步：

· 先把 df1 和 df2 列标签补齐。

· 再把 df1 和 df2 纵向连起来。

例如：

```
1. pd.concat( [df1, df2] )
```

运行结果如图 6-6 所示。

	a	b	c	d
0	0	1	2.0	3
1	4	5	6.0	7
2	8	9	10.0	11
0	2	0	NaN	1
1	5	3	NaN	4

图 6-6　concat 沿着行连接 DataFrame(axis = 0)

得到 DataFrame 的 index=[0,1,2,0,1]，有重复值。如果 index 不包含重要信息（如上例），那么可以将 ignore_index 设置为 True，这样就得到默认的 index 值了。

```
1. pd.concat( [df1, df2], ignore_index=True )
```

运行结果如图 6-7 所示。

	a	b	c	d
0	0	1	2.0	3
1	4	5	6.0	7
2	8	9	10.0	11
3	2	0	NaN	1
4	5	3	NaN	4

图 6-7　concat 沿着行连接 DataFrame(axis = 0, ignore_index=True)

（2）沿着列连接(axis = 1)。

先创建两个 DataFrame，df1 和 df2。

```
1. df1 = pd.DataFrame( np.arange(6).reshape(3,2),
2.                     index=['a','b','c'],
3.                     columns=['one','two'] )
4. df1
```

运行结果如图 6-8 所示。

	one	two
a	0	1
b	2	3
c	4	5

图 6-8　沿着列连接 df1

```
1. df2 = pd. DataFrame( 5 + np. arange(4). reshape(2,2),
2.                      index=['a','c'],
3.                      columns=['three','four'])
4. df2
```

运行结果如图 6-9 所示。

	three	four
a	5	6
c	7	8

图 6-9　沿着列连接 df2

沿着列连接分两步：
- 把 df1 和 df2 行标签补齐。
- 把 df1 和 df2 横向连起来。

例如：

```
1. pd. concat( [df1, df2], axis=1 )
```

运行结果如图 6-10 所示。

	one	two	three	four
a	0	1	5.0	6.0
b	2	3	NaN	NaN
c	4	5	7.0	8.0

图 6-10　concat 沿着列连接 DataFrame（axis = 1）

6.3　数据变换

有些情况下，在进行数据分析时，模型对输入数据的形式是有要求的，而原始数据的形式多样，这就需要对原始数据进行转换，转换为适合模型应用的描述形式。数据变换包括对数据进行规范化、离散化、稀疏化处理。为了方便数据分析和挖掘，将数据分布范围或属性进行转化是十分必要的。

6.3.1　数据规范化

在数据转换中,当描述对象的属性不止一个,并且各属性之间的量程相差较大时,在进行分析之前,需要进行规范化处理,目的是消除量纲不同对分析结果带来的影响。

例 2　表 6－4 为某时段采集的城市道路交通数据。

表 6－4　某时段城市道路交通数据

时　　间	速度 $v/(km/h)$	流量 $q/$车辆数	占有率 $\sigma/(\%)$
07:00	45	20	0.02
07:05	40	23	0.09
07:10	38	36	0.15
07:15	25	40	0.2
07:20	23	30	0.3

假设在做数据分析时,某变量 J 是速度与占有率的加权线性组合,即

$$J = k_1 v + k_2 \sigma$$

式中,k_1,k_2 为加权系数,且 $k_1 + k_2 = 1$。

以第四组数据为例,当 $v = 25$,$\sigma = 0.2$,$k_1 = k_2 = 0.5$(即认为二者对 J 的影响同等重要),此时有

$$J = k_1 v + k_2 \sigma = 0.5 \times 25 + 0.5 \times 0.2 = 12.5 + 0.1 = 12.6$$

可以看到,由于速度与占有率在取值范围上相差较大,导致 σ 对 J 的影响被严重削弱,计算结果无法真实体现 σ 的作用。在这种情况下,就需要进行数据的规范化处理。

归一化是数据规范化处理的常用方法,该方法对原始数据进行线性变换,将属性的值映射到区间[0,1]。假设属性 A 的最小值和最大值为 $\min_A$ 和 $\max_A$,某个原始值为 t,经过归一化处理的值为 t'。归一化计算公式为

$$t' = \frac{t - \min_A}{\max_A - \min_A} \qquad (6-1)$$

式中,$\min_A \neq \max_A$,该方法可以较好地解决属性量纲的不同带来的影响。

在例 2 中,先对数据进行归一化处理,归一化后的数据见表 6－5。

表 6－5　归一化处理后的交通数据

时　　间	速度(v',千米／时)	流量(q',车辆数)	占有率(σ')
07:00	1	0	0
07:05	0.77	0.15	0.25
07:10	0.68	0.8	0.46
07:15	0.09	1	0.64
07:20	0	0.5	1

仍以第四组数据为例，

$$J' = k_1 v' + k_2 \sigma' = 0.5 \times 0.09 + 0.5 \times 0.64 = 0.045 + 0.32 = 0.365$$

σ 对 J 的影响已经体现出来，加权的方法才显现出本意。

数据规范化处理虽然不是算法应用的必需环节，但在聚类分析、神经网络数据预处理中经常使用。因此，在数据清洗之后，需要综合考虑数据特征和所用算法要求，决定是否需要数据规范化处理。

6.3.2　类别型数据处理

数据分析模型中有相当一部分的算法模型都要求输入的特征为数值型，但实际数据中特征的类型不一定只有数值型，还会存在相当一部分的类别型，这部分的特征需要经过哑变量处理才可以放入模型之中。

哑变量处理的原理如图 6-11 所示，它具有如下特点：

(1) 对于一个类别型特征，若其取值有 m 个，则经过哑变量处理后就变成了 m 个二元特征，并且这些特征互斥，每次只有一个激活，使得数据变得稀疏。

(2) 对类别型特征进行哑变量处理主要解决了部分算法模型无法处理类别型数据的问题，这在一定程度上起到了扩充特征的作用。由于数据变成了稀疏矩阵的形式，因此，也加速了算法模型的运算速度。

哑变量处理前

哑变量处理后

	城 市
1	广 州
2	上 海
3	杭 州
4	北 京
5	深 圳
6	北 京
7	上 海
8	杭 州
9	广 州
10	深 圳

	城市_广州	城市_上海	城市_杭州	城市_北京	城市_深圳
1	1	0	0	0	0
2	0	1	0	0	0
3	0	0	1	0	0
4	0	0	0	1	0
5	0	0	0	0	1
6	0	0	0	1	0
7	0	1	0	0	0
8	0	0	1	0	0
9	1	0	0	0	0
10	0	0	0	0	1

图 6-11　哑变量处理的原理示例图

可以利用 Pandas 库中的 get_dummies() 对类别型特征进行哑变量处理。语法格式如下：

pandas. get_dummies(data, prefix=None, prefix_sep='_', dummy_na=False, columns=None,

$$sparse = False, drop\_first = False)$$

get_dummies 函数常用参数及其说明见表 6-6。

表 6-6　get_dummies( )函数常用参数及其说明

参数名称	说　明
data	接收 array、DataFrame 或 Series，表示需要哑变量处理的数据，无默认
prefix	接收 string、string 的列表或 string 的 dict，表示哑变量化后列名的前缀，默认为 None
prefix_sep	接收 string，表示前缀的连接符，默认为'_'
dummy_na	接收 boolean，表示是否为 Nan 值添加一列，默认为 False
columns	接收类似 list 的数据，表示 DataFrame 中需要编码的列名，默认为 None，表示对所有 object 和 category 类型进行编码
sparse	接收 boolean，表示虚拟列是否是稀疏的，默认为 False
drop_first	接收 boolean，表示是否通过从 k 个分类级别中删除第一级来获得 $(k-1)$ 个分类级别，默认为 False

6.3.3　连续型数据离散化

一些数据挖掘算法，特别是分类算法，要求数据是分类属性形式。常常需要将连续属性变换成分类属性，即连续属性离散化。常用的离散化方法如下：

(1)等宽法：将属性值域分成具有相同宽度的区间，区间的个数由数据本身的特点决定，或者由用户指定，类似于制作频率分布表。

Pandas 提供了 cut( )，可以进行连续型数据的等宽离散化，其语法格式如下：

$$pandas.cut(x, bins, right = True, labels = None, retbins = False, precision = 3,$$
$$include\_lowest = False)$$

cut( )常用参数及其说明见表 6-7。

表 6-7　cut( )常用参数及其说明

参数名称	说　明
x	接收数组或 Series，代表需要进行离散化处理的数据，无默认
bins	接收 int、list、array、tuple，若为 int，则代表离散化后的类别数目；若为序列类型的数据，则表示进行切分的区间，每两个数间隔为一个区间，无默认
right	接收 boolean，代表右侧是否为闭区间，默认为 True
labels	接收 list、array，代表离散化后各个类别的名称，默认为空
retbins	接收 boolean，代表是否返回区间标签，默认为 False
precision	接收 int，显示的标签的精度，默认为 3

注意：cut()返回的是一个特殊的 categorical 对象，可以将其看成一组表示"bin"名称的字符串。实际上，它含有一个表示不同分类名称的 levels 数组以及一个为要划分特征数据进行标号的 labels 属性；与"区间"的数学符号一样，圆括号表示开区间，方括号表示闭区间，可以通过 right 参数修改区间。使用等宽法离散化的缺陷：等宽法离散化对数据分布具有较高要求，若数据分布不均匀，则各个类的数目会变得非常不均匀，有些区间包含许多数据，而另外一些区间的数据极少，会严重损坏所建立的模型。

（2）等频法：将相同数量的记录放进每个区间。cut()虽然不能够直接实现等频离散化，但是可以通过定义将相同数量的记录放进每个区间。另外，可以使用 qcut()来实现等频离散化。等频法离散化相比较于等宽法离散化而言，避免了类分布不均匀的问题，但同时也有可能将数值非常接近的两个值分到不同的区间以满足每个区间中固定的数据个数。

qcut()是一个非常类似于 cut()的函数，可以根据样本分位数对数据进 bin 划分。相比 cut()，qcut()使用样本分位数，可以得到大小基本相等的 bin。

（3）基于聚类分析的方法：通过分箱离散化、直方图分析离散化、聚类、决策树和相关分析离散化，标称数据的概念分层产生。聚类分析的离散化方法需要用户指定簇的个数，用来决定产生的区间数。一维聚类的方法包括如下两个步骤：

（1）将连续型数据用聚类算法（如 KMeans 算法等）进行聚类。

（2）处理聚类得到的簇，将合并到一个簇的连续型数据做同一标记。

KMeans 聚类分析的离散化方法可以很好地根据现有特征的数据分布状况进行聚类，但是由于 KMeans 算法本身的缺陷，因此，用该方法进行离散化时依旧需要指定离散化后类别的数目。此时，需要配合聚类算法评价方法，找出最优的聚类类别的数目。

6.3.4 分组聚合

在数据分析过程中，经常会需要根据某一列或多列把数据划分为不同的组别，然后再对其进行数据分析。Pandas 提供了 groupby()可以根据某些规则对 DataFrame 进行分组，然后在每组的数据上应用一些统计函数计算出不同统计量，从而达到数据分析的目的。除此之外，Pandas 还提供了 pivot_table()和 crosstab()，可以快速、方便地创建透视表和交叉表。

1. 分组

通过 groupby()可以根据索引或字段对数据进行分组，其语法格式如下：

```
DataFrame.groupby(by=None, axis=0, level=None, as_index=True, sort=True,
group_keys=True, squeeze=False, **kwargs)
```

groupby()常用参数及其说明见表 6-8。

表 6-8 groupby()函数常用参数及其说明

参数名称	说　明
by	接收 list，string，mapping 或 generator，用于确定进行分组的依据，无默认
axis	接收 int，表示操作的轴向，默认对列进行操作，默认为 0
level	接收 int 或索引名，代表标签所在级别，默认为 None

续 表

参数名称	说　明
as_index	接收 boolearn,表示聚合后的聚合标签是否以 DataFrame 索引形式输出,默认为 True
sort	接收 boolearn,表示是否对分组依据分组标签进行排序,默认为 True
group_keys	接收 boolearn,表示是否显示分组标签的名称,默认为 True
squeeze	接收 boolearn,表示是否在允许的情况下对返回数据进行降维,默认为 False

(1)根据某一列分组:

先读取数据:

```
1. df = pd. read_csv('table. csv',index_col='ID')
2. df. head()
```

运行结果如图 6 - 12 所示。

ID	School	Class	Gender	Address	Height	Weight	Math	Physics
1101	S_1	C_1	M	street_1	173	63	34.0	A+
1102	S_1	C_1	F	street_2	192	73	32.5	B+
1103	S_1	C_1	M	street_2	186	82	87.2	B+
1104	S_1	C_1	F	street_2	167	81	80.4	B-
1105	S_1	C_1	F	street_4	159	64	84.8	B+

图 6 - 12　分组聚合使用的数据

```
1. grouped_single = df. groupby('School')
```

经过 groupby()后会生成一个 groupby 对象,该对象本身不会返回任何东西,只有当相应的方法被调用才起作用。groupby 对象的主要属性和内置方法如下:

- ngroups:组的个数(int)。
- size():每组元素的个数(Series)。
- groups:每组元素在原 DataFrame 中的索引信息(dict)。
- get_group(label):标签 label 对应的数据(DataFrame)。

例如,查看组数:

```
1. grouped_single. ngroups
```

运行结果如下:

```
2
```

查看每组元素的个数：

```
1. grouped_single. size()
```

运行结果如下：

```
School
S_1    15
S_2    20
dtype：int64
```

取出某一个组：

```
1. grouped_single. get_group('S_1'). head()
```

运行结果如图 6 - 13 所示。

ID	School	Class	Gender	Address	Height	Weight	Math	Physics
1101	S_1	C_1	M	street_1	173	63	34.0	A+
1102	S_1	C_1	F	street_2	192	73	32.5	B+
1103	S_1	C_1	M	street_2	186	82	87.2	B+
1104	S_1	C_1	F	street_2	167	81	80.4	B-
1105	S_1	C_1	F	street_4	159	64	84.8	B+

图 6 - 13 get_group()取出某一个组

遍历组，打印每个组的名字和前五行信息：

```
1. for name,group in grouped_single：
2. print(name)
3.     display(group. head())
```

运行结果如图 6 - 14 所示。

S_1

ID	School	Class	Gender	Address	Height	Weight	Math	Physics
1101	S_1	C_1	M	street_1	173	63	34.0	A+
1102	S_1	C_1	F	street_2	192	73	32.5	B+
1103	S_1	C_1	M	street_2	186	82	87.2	B+
1104	S_1	C_1	F	street_2	167	81	80.4	B-
1105	S_1	C_1	F	street_4	159	64	84.8	B+

S_2

ID	School	Class	Gender	Address	Height	Weight	Math	Physics
2101	S_2	C_1	M	street_7	174	84	83.3	C
2102	S_2	C_1	F	street_6	161	61	50.6	B+
2103	S_2	C_1	M	street_4	157	61	52.5	B-
2104	S_2	C_1	F	street_5	159	97	72.2	B+
2105	S_2	C_1	M	street_4	170	81	34.2	A

图 6-14　遍历组

对分组对象使用 head()函数,返回的是每个组的前几行,而不是数据集的前几行。

```
1. grouped_single. head(2)
```

运行结果如图 6-15 所示。

ID	School	Class	Gender	Address	Height	Weight	Math	Physics
1101	S_1	C_1	M	street_1	173	63	34.0	A+
1102	S_1	C_1	F	street_2	192	73	32.5	B+
2101	S_2	C_1	M	street_7	174	84	83.3	C
2102	S_2	C_1	F	street_6	161	61	50.6	B+

图 6-15　对分组对象使用 head()

(2)根据某几列分组:

```
1. grouped_mul = df. groupby(['School','Class'])
2. grouped_mul. get_group(('S_2','C_4'))
```

运行结果如图 6-16 所示。

ID	School	Class	Gender	Address	Height	Weight	Math	Physics
2401	S_2	C_4	F	street_2	192	62	45.3	A
2402	S_2	C_4	M	street_7	166	82	48.7	B
2403	S_2	C_4	F	street_6	158	60	59.7	B+
2404	S_2	C_4	F	street_2	160	84	67.7	B
2405	S_2	C_4	F	street_6	193	54	47.6	B

图 6-16　根据某几列分组

2. 聚合

做完分组之后 ,一般会在每组做聚合。所谓聚合就是把一堆数变成一个标量。因此,mean/sum/size/count/std/var/sem/describe/first/last/nth/min/max 都是聚合函数。例如,通过 [] 选出上面得到的 groupby 对象 grouped_mul 的 'Math' 列和'Height' 列,然后使用 mean() 计算均值:

```
1. grouped_mul[['Math','Height']].mean()
```

运行结果如图 6 - 17 所示。

School	Class	Math	Height
S_1	C_1	63.78	175.4
	C_2	64.30	170.6
	C_3	63.16	181.2
S_2	C_1	58.56	164.2
	C_2	62.80	180.0
	C_3	63.06	173.8
	C_4	53.80	173.8

图 6 - 17　使用 mean()聚合

除此之外,聚合还可以使用内置函数 aggregate() 或 agg() 作用到 groupby 对象上。

```
1. grouped_mul['Math'].agg(['sum','mean','std'])
```

运行结果如图 6 - 18 所示。

School	Class	sum	mean	std
S_1	C_1	318.9	63.78	27.981458
	C_2	321.5	64.30	22.623218
	C_3	315.8	63.16	23.841309
S_2	C_1	292.8	58.56	19.310697
	C_2	314.0	62.80	19.165725
	C_3	315.3	63.06	23.811930
	C_4	269.0	53.80	9.548822

图 6 - 18　同时使用多个聚合函数

还可以指定哪些聚合函数作用于哪些列：

```
1. grouped_mul. agg({'Math':['mean','max','min'],'Height':'var'})
```

运行结果如图 6-19 所示。

School	Class	Math			Height
		mean	max	min	var
S_1	C_1	63.78	87.2	32.5	183.3
	C_2	64.30	97.0	33.8	132.8
	C_3	63.16	87.7	31.5	179.2
S_2	C_1	58.56	83.3	34.2	54.7
	C_2	62.80	85.4	39.1	256.0
	C_3	63.06	95.5	32.7	205.7
	C_4	53.80	67.7	45.3	300.2

图 6-19 指定哪些聚合函数作用于哪些列

还可以使用自定义函数进行聚合。例如，通过 agg() 可以很容易地实现组内极差计算：

```
1. grouped_mul['Math']. agg(lambda x:x. max()-x. min())
```

运行结果如下：

```
School  Class
S_1     C_1      54.7
        C_2      63.2
        C_3      56.2
S_2     C_1      49.1
        C_2      46.3
        C_3      62.8
        C_4      22.4
Name: Math, dtype: float64
```

3. 透视表

使用 pivot_table() 可以创建透视表，其语法格式如下：

```
pands. pivot_table(data, values=None, index=None, columns=None, aggfunc='mean',
    fill_value=None, margins=False, dropna=True, margins_name='All')
```

pivot_table() 常用参数及其说明见表 6-9。

表 6 - 9　pivot_table( )常用参数及其说明

参数名称	说　　明
data	接收 DataFrame,表示创建表的数据,无默认
values	接收字符串,用于指定想要聚合的数据字段名,默认使用全部数据,默认为 None
index	接收 string 或 list,表示行分组键,默认为 None
columns	接收 string 或 list,表示列分组键,默认为 None
aggfunc	接收 functions,表示聚合函数,默认为 mean
margins	接收 boolearn,表示汇总(Total)功能的开关,设为 True 后结果集中会出现名为"All"的行和列,默认为 False
dropna	接收 boolearn,表示是否删掉全为 NaN 的列,默认为 True

(1)在不特殊指定聚合函数 aggfunc 时,会默认使用 numpy. mean 进行聚合运算,numpy. mean 会自动过滤掉非数值类型数据。可以通过指定 aggfunc 参数修改聚合函数。

(2)与 groupby 方法分组的时候相同,pivot_table 函数在创建透视表的时候分组键 index 可以有多个。

(3)通过设置 columns 参数可以指定列分组。

(4)当全部数据列数很多时,若只想要显示某列,则可以通过指定 values 参数来实现。

(5)当某些数据不存在时,会自动填充 NaN,因此,可以指定 fill_value 参数,表示当存在缺失值时,以指定数值进行填充。

4. 交叉表

使用 crosstab()可以创建交叉表。交叉表是一种特殊的透视表,主要用于计算分组频率。crosstab()的语法格式如下:

```
pandas. crosstab(index, columns, values=None, rownames=None, colnames=None,
           aggfunc=None, margins=False, dropna=True, normalize=False)
```

crosstab()常用参数及其说明见表 6 - 10。由于交叉表是透视表的一种,crosstab()的参数与 pivot_table()基本保持一致,不同之处在于 crosstab()中的 index、columns、values 填入的都是对应从 Dataframe 中取出的某一列。

表 6 - 10　crosstab( )函数常用参数及其说明

参数名称	说　　明
index	接收 string 或 list,表示行索引键,无默认
columns	接收 string 或 list,表示列索引键,无默认
values	接收 array,表示聚合数据,默认为 None
aggfunc	接收 function,表示聚合函数,默认为 None

续　表

参数名称	说　明
rownames	表示行分组键名,无默认
colnames	表示列分组键名,无默认
dropna	接收 boolearn,表示是否删掉全为 NaN 的,默认为 False
margins	接收 boolearn,默认为 True,汇总(Total)功能的开关,设为 True 后结果集中会出现名为"All"的行和列
normalize	接收 boolearn,表示是否对值进行标准化,默认为 False

6.4　数据规约

数据规约是对海量数据寻找代表性数据的过程。对海量数据进行复杂的数据分析和挖掘需要很长时间,使得这种分析不现实或不可行。数据归约技术可以用来得到数据集的归约表示,它小得多,但仍接近保持原数据的完整性。对归约后的数据集挖掘将更有效,并产生相同(或几乎相同)的结果。数据归约策略一般包括维度归约和数值归约。

6.4.1　维度归约

维度规约是通过属性合并来创造新属性,或者直接删除不相关的属性来减少数据维度。用于数据分析的数据可能包含数以百计的属性,其中大部分属性与挖掘任务不相关,是冗余的。维度归约通过减少所考虑的属性的个数,把原数据变换或投影到较小的空间。

主要方法如下:

(1)属性子集选择:检测和删除不相关、弱相关或冗余的属性。

(2)小波变换(Wavelet Transform,WT):对数据进行小波转换后截断数据,保存最强的小波系数,从而保留近似的压缩数据,适合高维度数据。

(3)主成分分析(Principal Components Analysis,PCA):通过寻找原自变量的正交向量,将原有的 n 个自变量重新组合为不相关的新自变量,能更好地处理离散数据。

下面重点介绍主成分分析。

主成分分析是将原来的多个指标重新组合成一组新的互相无关的综合指标,同时根据实际需要从中选取几个较少的综合指标,使尽可能多地反映原来指标的信息。

得到的主成分与原始变量之间的关系如下:

• 每个主成分都是原始变量的线性组合。

• 各个主成分之间互不相关。

• 最后选取的主成分个数大大少于原始变量的数目。

• 选取的主成分保留了原始变量绝大多数信息。

Sklearn 提供了 sklearn. decomposition. PCA 类。它是一种 Sklearn 转换器,可以方便地进行主成分分析。转换器主要包括三种方法,见表 6 - 11。

表 6-11　转换器的主要方法

方法名称	说　明
fit()	主要通过分析特征和目标值,提取有价值的信息。这些信息可以是统计量,也可以是权值系数等
transform()	主要用来对特征进行转换。从可利用信息的角度可分为无信息转换和有信息转换。无信息转换是指不利用任何其他信息进行转换,如指数函数转换和对数函数转换等。有信息转换根据是否利用目标值向量又可分为无监督转换和有监督转换。无监督转换指只利用特征的统计信息的转换,如规范化和 PCA 降维等。有监督转换指既利用了特征信息又利用了目标值信息的转换,如通过模型选择特征和 LDA 降维等
fit_transform()	先调用 fit() 方法,然后调用 transform() 方法

sklearn. decomposition. PCA 类的主要参数及其说明见表 6-12。

表 6-12　sklearn. decomposition. PCA 类主要参数及其说明

参数名称	说　明
n_components	接收 None,int,float 或 string;未指定时,代表所有特征均会被保留下来;若为 int,则表示将原始数据降低到 n 个维度;若为 float,同时 svd_solver 参数等于 full,则说明降维后的数据能保留的信息赋值为 string,如 n_components＝'mle',将自动选取特征个数 n,使得满足所要求的方差百分比,默认为 None
copy	接收 bool,代表是否在运行算法时将原始数据复制一份,若为 True,则运行后,原始数据的值不会有任何改变;若为 False,则运行 PCA 算法后,原始训练数据的值会发生改变,默认为 True
whiten	接收 boolean,表示白化,就是对降维后的数据的每个特征进行归一化,让方差都为 1,默认为 False
svd_solver	接收 string {'auto', 'full', 'arpack', 'randomized'}。代表使用的 SVD 算法。randomized 一般适用于数据量大、数据维度多、主成分数目比例又较低的 PCA 降维,使用了一些加快 SVD 的随机算法。full 是使用 SciPy 库实现的传统 SVD 算法。arpack 和 randomized 的适用场景类似,区别是 randomized 使用的是 Sklearn 自己的 SVD 实现,而 arpack 直接使用了 SciPy 库的 sparse SVD 实现。auto 则代表 PCA 类会自动在上述三种算法中去权衡,选择一个合适的 SVD 算法来降维,默认为 auto

PCA 对象的属性:

· components_:返回所保留的 n 个主成分,形状为(n_components, n_features)。

· explained_variance_:返回所保留的 n 个主成分各自的方差(特征值)。

· explained_variance_ratio_:返回所保留的 n 个主成分各自的方差贡献率。

6.4.2　数值归约

数值规约是用规模较小的数据表示、替换或估计原始数据。通过选择替代、"较小"的数据表示形式来减少数据量。可以分为参数方法和非参数方法。

（1）参数方法：只存放模型参数，而非实际数据，如回归模型、对数线性模型。

（2）非参数方法：直方图、聚类、抽样和数据立方体聚集。

第三部分 实战篇

- · 线性回归分析
- · 分类
- · 聚类分析

第 7 章　线性回归分析

在现代统计学中,回归是在对客观事物进行大量试验和观察的基础上,研究某一个变量(称为因变量)与一个或多个变量(称为自变量)之间的相互依赖关系。在重复抽样中,根据自变量的给定值,估计或预测因变量的总体均值。按照涉及变量的多少,回归分析可分为一元回归分析、多元回归分析;按照因变量的多少,可分为简单回归分析、多重回归分析;按照变量间的关系类型,可分为线性回归分析、非线性回归分析。

如果线性回归分析中,只包括一个自变量和一个因变量,且变量间的关系可用一条直线近似表示,就称为一元线性回归分析;如果回归分析中包括两个或两个以上的自变量,且因变量与参数之间是线性关系,就称为多元线性回归分析。本章重点以一元线性线性回归为基础,对其详细流程进行介绍,希望读者能够深刻理解线性回归的思想。考虑到内容难度和篇幅,对多元线性回归的详细推导过程感兴趣的读者可以查阅相关文献。

7.1　算法原理

7.1.1　一元线性回归分析

一般地,称由 $y = \beta_0 + \beta_1 x + \varepsilon$ 确定的模型为一元线性回归模型,记为

$$\left.\begin{array}{l} y = \beta_0 + \beta_1 x + \varepsilon \\ E\varepsilon = 0 \\ D\varepsilon = \sigma^2 \end{array}\right\} \qquad (7-1)$$

该模型仅是 y 对 x 理论上的回归模型。其中,自变量 x 称为回归变量;固定的未知参数 β_0、β_1 称为回归系数;误差项 ε 是一个随机变量,$E\varepsilon$ 代表随机误差项 ε 的平均值,$D\varepsilon$ 代表随机误差项 ε 的方差,总是假设 $\varepsilon \sim N(0, \sigma^2)$,即 ε 服从均值为 0、方差为 σ^2 的正态分布,该参数反映了除 x 和 y 之间线性关系之外的随机因素(不可观测的随机误差项)对 y 的影响程度。

同时,我们还需要假设试验得出的 n 组样本数据是独立观测的,所以 $y_1, y_2, \cdots, y_n$ 与 ε_1, $\varepsilon_2, \cdots, \varepsilon_n$ 都是相互独立的随机变量,$x_i (i = 1, 2, \cdots, n)$ 的值是可以精确测量和控制的。

一元线性回归分析的主要任务:

(1) 用参与实验的样本值对一元线性回归的参数 β_0, β_1 做点估计;

(2) 对回归方程的拟合效果进行分析;

(3) 对回归模型做假设检验;

(4) 如果模型通过假设检验,就在 $x=x_0$ 处对 y 做预测与控制;如果没有通过假设检验,则需要重新建模。

7.1.2　回归系数的最小二乘估计

点估计:根据样本 $x_1, x_2, \cdots, x_n$ 来估计参数 θ,需要构造适当的估计量 $\hat{\theta}=\hat{\theta}(x_1, x_2, \cdots, x_n)$。当我们明确得知样本值以后,代入 $\hat{\theta}=\hat{\theta}(x_1, x_2, \cdots, x_n)$,用来作为 θ 的估计值。由于参数 θ 在数轴上是一个点,用 $\hat{\theta}$ 估计 θ 等于用一个点去估计另外一个点,因此,这样的估计被称为点估计。点估计的方法有很多,下面详细介绍普通最小二乘估计法。

最小二乘估计法通过选择未知参数使离差平方和达到最小。离差是样本单个数值与样本平均值之间的差值,表示数据分布的集中程度,反映了真实值偏离平均值的程度。例如,现有一组成年男性的身高数据 $x=\{171, 174, 173, 172, 175, 173\}$,平均值 $Ex=173$,则各个数据的离差为 $\{-2, 1, 0, -1, 2, 0\}$。离差平方和,即各项与平均值之间的差的平方的总和。例如,上面所示数据的离差平方和为 $Q=(-2)^2+(1)^2+(0)^2+(-1)^2+(2)^2+(0)^2=10$。

以下是普通最小二乘估计法关于参数 β_0, β_1 的估计。现在有 n 组独立观测值 (x_1, y_1), $(x_2, y_2), \cdots, (x_n, y_n)$,设

$$\left. \begin{aligned} & y_i=\beta_0+\beta x_1+\varepsilon_i, i=1, 2, \cdots, n \\ & E\varepsilon_i=0 \\ & D\varepsilon_i=\sigma^2 \text{ 且 } \varepsilon_1, \varepsilon_2, \cdots, \varepsilon_n \text{ 相互独立} \end{aligned} \right\} \tag{7-2}$$

记

$$\left. \begin{aligned} & Q=Q(\beta_0, \beta_1)=\sum_{i=1}^{n}\varepsilon_i^2=\sum_{i=1}^{n}(y_i-\bar{y})^2=\sum_{i=1}^{n}(y_i-\beta_0-\beta_1 x_i)^2 \\ & Q(\beta_0, \beta_1) \geqslant 0, \text{ 且关于 } \beta_0 、\beta_1 \text{ 可微} \end{aligned} \right\} \tag{7-3}$$

最小二乘估计法就是通过使离差平方和 Q 达到最小来选择 β_0 和 β_1 的估计值 $\hat{\beta}_0$、$\hat{\beta}_1$。根据微积分二元函数存在极值的必要条件的原理,存在估计值 $\hat{\beta}_0$、$\hat{\beta}_1$,使得

$$Q(\hat{\beta}_0, \hat{\beta}_1)=\min_{-\infty<\beta_0, \beta_1<+\infty} Q(\beta_0, \beta_1) \tag{7-4}$$

成立,即存在估计值 $\hat{\beta}_0$、$\hat{\beta}_1$,使离差平方和 $Q(\beta_0, \beta_1)$ 取得最小值:

$$\sum_{i=1}^{n}(y_i-\hat{\beta}_0-\hat{\beta}_1 x_i)^2=\min_{-\infty<\beta_0, \beta_1<+\infty}\sum_{i=1}^{n}(y_i-\beta_0-\beta_1 x_i)^2 \tag{7-5}$$

为了得到 $\hat{\beta}_0$、$\hat{\beta}_1$,现将 $Q(\beta_0, \beta_1)$ 分别对 β_0, β_1 求偏导数,得到

$$\left. \begin{aligned} & \frac{\partial Q}{\partial \beta_0}=-2\sum_{i=1}^{n}(y_i-\beta_0-\beta_1 x_i)=0 \\ & \frac{\partial Q}{\partial \beta_1}=-2\sum_{i=1}^{n}(y_i-\beta_0-\beta_1 x_i)x_i=0 \end{aligned} \right\} \tag{7-6}$$

对式(7-6)整理后,得到一个关于 $\hat{\beta}_0$、$\hat{\beta}_1$ 的方程组:

$$\left. \begin{aligned} & n\beta_0+n\bar{x}\beta_1=n\bar{y} \\ & n\bar{x}\beta_0+\left(\sum_{i=1}^{n}x_i^2\right)\beta_1=\sum_{i=1}^{n}x_i y_i \end{aligned} \right\} \tag{7-7}$$

由此得到 $\hat{\beta}_0, \hat{\beta}_1$ 关于 x 和 y 的表达式:

$$\left.\begin{array}{l} \hat{\beta}_0 = \bar{y} - \hat{\beta}_1 \bar{x} \\ \hat{\beta}_1 = \dfrac{\overline{xy} - \bar{x}\bar{y}}{\overline{x^2} - \bar{x}^2} \end{array}\right\} \tag{7-8}$$

或

$$\left.\begin{array}{l} \hat{\beta}_1 = \dfrac{\displaystyle\sum_{i=1}^{n} (x_i - \bar{x})(y_i - \bar{y})}{\displaystyle\sum_{i=1}^{n} (x_i - \bar{x})^2} \\[4mm] \hat{\beta}_0 = \bar{y} - \hat{\beta}_1 \bar{x} \end{array}\right\} \tag{7-9}$$

在式(7-8)式(7-9)中,

$$\bar{x} = \frac{1}{n} \sum_{i=1}^{n} x_i = \frac{1}{n}(x_1 + x_2 + \cdots + x_n) \tag{7-10}$$

$$\bar{y} = \frac{1}{n} \sum_{i=1}^{n} y_i = \frac{1}{n}(y_1 + y_2 + \cdots + y_n) \tag{7-11}$$

$$\overline{x^2} = \frac{1}{n} \sum_{i=1}^{n} x_i^2 = \frac{1}{n}(x_1^2 + x_2^2 + \cdots + x_n^2) \tag{7-12}$$

$$\overline{xy} = \frac{1}{n} \sum_{i=1}^{n} x_i y_i = \frac{1}{n}(x_1 y_1 + x_2 y_2 + \cdots + x_n y_n) \tag{7-13}$$

依据普通最小二乘估计法得到的回归方程为

$$\hat{y} = \hat{\beta}_0 + \hat{\beta}_1 x = \bar{y} + \hat{\beta}_1(x - \bar{x}) \tag{7-14}$$

由此我们可以依靠样本数据得到对回归方程参数 β_0, β_1 的估计值 $\hat{\beta}_0, \hat{\beta}_1$。

除最小二乘估计法之外,通过最大似然估计法、矩估计法等方法都可以实现对回归方程参数 β_0, β_1 的估计。最大似然估计法主要是利用样本的概率分布或分布密度表达式及样本信息对未知参数进行估计;矩估计法主要是利用样本矩估计总体中的相应参数。在这里我们对其他方法不做详细表述,有兴趣的读者可以查阅相关文献。

7.1.3　回归方程拟合效果评价

当普通最小二乘估计法根据一组样本数据得到拟合方程 $\hat{y} = \hat{\beta}_0 + \hat{\beta}_1 x$ 后,该模型能否较好地拟合样本值 y_i,能否较好地解释 y_i 的变化趋势、拟合方程的误差等,需要我们予以正确的评估和分析。

1. 评价指标 1 —— 残差

我们把近似值 $\hat{y}$ 与实测值 y_i 之差称为残差,即

$$e_i = y_i - \hat{y}_i \tag{7-15}$$

残差的大小是衡量所建模型拟合效果好坏的重要标志,通常我们有以下三种衡量准则:① 使残差的最大绝对值即 $\max\limits_{i} |e_i|$ 最小;② 使残差的绝对值之和即 $\sum\limits_{i=1}^{n} |e_i|$ 最小;③ 使残差的平方和即 $\sum\limits_{i=1}^{n} e_i^2$ 最小。

下面我们通过残差平方和最小的方式对拟合效果进行分析。残差均值为

$$\bar{e}_i = \frac{1}{n}\sum_{i=1}^{n}(y_i - \hat{y}_i) = 0 \qquad (7-16)$$

残差平方和 Q_e 为

$$Q_e = Q(\hat{\beta}_0, \hat{\beta}_1) = \sum_{i=1}^{n}(y_i - \hat{\beta}_0 - \hat{\beta}_1 x_i)^2 = \sum_{i=1}^{n}(y_i - \hat{y}_i)^2 \qquad (7-17)$$

残差的样本方差为

$$\text{MSE} = \frac{1}{n-2}\sum_{i=1}^{n}(e_i - \bar{e})^2 = \frac{1}{n-2}\sum_{i=1}^{n}e_i^2 = \frac{1}{n-2}\sum_{i=1}^{n}(y_i - \hat{y}_i)^2 \qquad (7-18)$$

指标残差的大小不仅代表了拟合值与样本值之间的接近程度,同时还说明残差 e_i 的离散范围越小。如果最小二乘估计法得到的回归方程是优秀的,那么其残差和应该是越小越好,能够说明各个样本值分布在回归方程周围的紧密程度高。

2. 评价指标 2—— 判定系数(又称拟合优度)

拟合优度指的是回归直线对观测值的拟合。

我们建立一元线性回归模型,通过回归方程解释 y 的变异。而 $y_i(i=1,2,\cdots,n)$ 的变异程度可采用样本方差来测度:

$$s^2(y) = \frac{1}{(n-1)}\sum_{i=1}^{n}(y_i - \bar{y}_i)^2 \qquad (7-19)$$

由式(7-19)可知,拟合值 $\hat{y}$ 的变异程度为

$$s^2(\hat{y}) = \frac{1}{(n-1)}\sum_{i=1}^{n}(\hat{y}_i - \bar{y}_i)^2 \qquad (7-20)$$

下面来推导 $s^2(y)$ 与 $s^2(\hat{y})$ 之间的关系。由式(7-19)式(7-20),可知

$$\sum_{i=1}^{n}(y_i - \bar{y}_i)^2 = \sum_{i=1}^{n}(y_i - \hat{y}_i)^2 + \sum_{i=1}^{n}(\hat{y}_i - \bar{y}_i)^2 + 2\sum_{i=1}^{n}(y_i - \hat{y}_i)(\hat{y}_i - \bar{y}_i) \qquad (7-21)$$

而

$$\begin{aligned}
\sum_{i=1}^{n}(y_i - \hat{y}_i)(\hat{y}_i - \bar{y}_i) &= \sum_{i=1}^{n}(y_i - \hat{\beta}_0 - \hat{\beta}_1 x)(\hat{\beta}_0 + \hat{\beta}_1 x - \bar{y}_i) \\
&= \hat{\beta}_0 \sum_{i=1}^{n}(y_i - \hat{\beta}_0 - \hat{\beta}_1 x_i) + \hat{\beta}_1 \sum_{i=1}^{n}x_i(y_i - \hat{\beta}_0 - \hat{\beta}_1 x_i) - \\
&\quad \bar{y}\sum_{i=1}^{n}(y_i - \hat{\beta}_0 - \hat{\beta}_1 x_i) \\
&= 0 \qquad (7-22)
\end{aligned}$$

因此,得到下列表达式:

$$\sum_{i=1}^{n}(y_i - \bar{y}_i)^2 = \sum_{i=1}^{n}(y_i - \hat{y}_i)^2 + \sum_{i=1}^{n}(\hat{y}_i - \bar{y}_i)^2 \qquad (7-23)$$

为方便书写,记

$$\text{SST} = \sum_{i=1}^{n}(y_i - \bar{y}_i)^2$$

这是观测数据的变异平方和;

$$\text{SSR} = \sum_{i=1}^{n}(\hat{y}_i - \bar{y}_i)^2$$

这是回归方程拟合值的变异平方和;

$$SSE = \sum_{i=1}^{n} (y_i - \hat{y}_i)^2$$

这是残差平方和;根据上述公式推导,可以得知

$$R^2 = \frac{SSR}{SST} = 1 - \frac{SSE}{SST} \qquad (7-24)$$

根据式(7-24),可知判定系数是指可解释的变异占总变异的百分比。当 $R^2 = 1$ 时,有

$$SSR = SST$$

样本数据的变异度与回归方程的变异度相同,因为残差 $SSE = 0$,该情况下拟合度为最好;当 $R^2 = 0$ 时,有

$$SSE = SST$$

此时回归方程完全不能解释样本数据的变异程度,y 的变化完全由与 x 无关的因素决定,此时的拟合效果最差。该指标不仅能描述回归直线拟合的优良程度,同时也能说明因变量 y 与拟合变量 $\hat{y}$ 的相关程度。从这个角度看,拟合变量 $\hat{y}$ 与因变量 y 的相关程度越高,残差就越小,回归方程的拟合程度就越好。

7.1.4　回归方程的显著性检验

通过最小二乘估计法得到模型的回归方程 $\hat{y} = \hat{\beta}_0 + \hat{\beta}_1 x$ 是否基本符合因变量与自变量之间的客观规律? 用它来做预测和控制的效果如何? 基于上述问题,我们需要统计方法对该回归方程进行检验,确定回归方程是否真正描述了变量 y 与 x 之间的统计规律。当检验通过后,我们才可以运用回归方程进行预测和控制。

对回归方程 $y = \beta_0 + \beta_1 x$ 的显著性检验,归结为对假设 $H_0 : \beta_1 = 0; H_1 : \beta_1 \neq 0$ 进行检验,即判断参数 β_1 是否为非零值。假设 $H_0 : \beta_1 = 0$ 被拒绝,即认为 β_1 存在非零值,回归模型建立成功,回归参数则回归显著,认为 y 与 x 存在线性关系,所求的线性回归方程有意义;否则回归不显著,y 与 x 的关系无法用一元线性回归模型来描述,所得的回归方程无意义。

统计学中如果以样本统计量估计总体参数时样本中能自由变化的数据的个数称为该统计量的自由度。例如,现有一组化学实验数据,如果数据中自变量 X 代表成分 A 的含量,样本值分别为(2,3,4,5),那么该变量的自由度为5;又例如,成分 A 的含量均值为4,如果自由确定了3、2、5 三个数据后,另外一个数据只能是6,那么该例子中自变量的自由度为3。

显著性检验常用 F 检验法、t 检验法等多种方法,本节论述在一元线性回归分析中用 F 检验法、t 检验法进行检验,对其证明推导过程不予论述,感兴趣的读者可自行翻阅相关文献。

1. F 检验法

在对样本观测值进行回归分析之前,我们先假设样本数据中 y 与 x 之间的关系存在线性关系:

$$\left. \begin{array}{l} y = \beta_0 + \beta_1 x + \varepsilon, \\ E\varepsilon = 0, \\ D\varepsilon = \sigma^2 \end{array} \right\} \qquad (7-25)$$

现作如下假设:$H_0:\beta_1=0$。如果 H_0 成立,那么

$$F=\frac{SSR}{Q_e/(n-2)}\sim F(1,n-2) \tag{7-26}$$

式中,

$$SSR=\sum_{i=1}^{n}(\hat{y}_i-\bar{y}_i)^2,Q_e=\sum_{i=1}^{n}(y_i-\hat{y}_i)^2$$

当 $F>F_{1-\alpha}(1,n-2)$ 时,拒绝 H_0;否则,就不拒绝 H_0,其中 $F_{1-\alpha}(1,n-2)$ 可通过 F 分布表予以查询。

如果选择"用 F 检验的概率值",越小代表这个变量越容易进入方程。原因是这个变量的 F 检验的概率小,说明它显著,也就是这个变量对回归方程的贡献越大,进一步说就是该变量被引入回归方程的资格越大。究其根本,就是零假设分水岭。例如,要是把进入设为 0.05,大于它说明不拒绝零假设,这个变量对回归方程没有什么重要性,但是一旦小于 0.05,说明这个变量很重要,应该引起注意。这个 0.05 就是进入回归方程的通行证。

2. t 检验法

在回归分析中,t 检验用于检验回归系数的显著性,即确定自变量对因变量的影响是否显著。

检验原假设为 $H_0:\beta_1=0$,对立假设为 $H_1:\beta_1\neq0$;H_0 成立时,有

$$T=\frac{\hat{\beta}_1}{\hat{\sigma}}(\sum_{i=1}^{n}(x_i-\bar{x})^2)\sim t(n-2) \tag{7-27}$$

故 $|T|>t_\alpha(n-2)$,拒绝 H_0;否则,就不拒绝 H_0,其中

$$\hat{\sigma}=\sqrt{\frac{Q_e}{n-2}}$$

$t_\alpha(n-2)$ 可根据 t 分布表予以查询。

回归效果不显著有如下可能存在的原因:① 因变量 y 的变化不止受自变量 x 的影响,还有其他观测到的因素;② y 与 x 的关系非线性或不存在关系。

7.2　算法流程

输入:参与实验的样本值 x,y,参数初始化。数据在输入格式上是 $n\times m$ 矩阵,n 为样本数据个数,m 为属性个数,在一元线性回归中,$m=2$ 代表变量的个数。数据的输入形式可以是矩阵形式,也可以是. txt 文件、Excel 表格形式,第一行(列)是自变量 x,第二行(列)是因变量 y。

输出:自变量与因变量的回归参数,检验结果、预测值。输出格式为 1×1 矩阵。

(1) 输入数据,画出散点图,参数初始化;

(2) 计算参数估计量 $\hat{\beta}_0,\hat{\beta}_1$,执行式(7-8);

(3) 拟合效果评价,执行式(7-24);

(4) 模型检验(F 检验和 t 检验),执行式(7-26)、式(7-27)。 如果检验成功,那么回归模型建立成功,展示分析结果,执行 Step5;否则,模型建立失败;

(5) 令 $x=x_0$,代入回归方程,预测。

其流程图如图 7 - 1 所示。

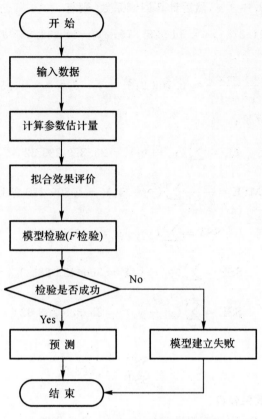

图 7 - 1　一元线性回归算法流程图

下面通过算例熟悉一元线性回归算法流程。表 7 - 1 为某化学实验中物质 A 与其反应速度的实验数据。

表 7 - 1　某化学实验中物质 A 与反应速度的关系

物质 A/mg	反应速度 /(mg · s^{-1})	物质 A/mg	反应速度 /(mg · s^{-1})
143	88	155	96
145	85	156	98
146	88	157	97
147	91	158	96
149	92	159	98
150	93	160	98
153	93	162	100
154	95	164	102

下面将依据前面讲述的最小二乘估计法对该组样本数据进行分析：

由于只有两个变量,且确定自变量与因变量之间存在因果关系,因此,省略绘制散点图。先假设回归方程为 $\hat{y} = \hat{\beta}_0 + \hat{\beta}_1 x$,然后计算回归系数,则有

$$\bar{x} = 153.625; \bar{y} = 94.375; \overline{xy} = 14\,525.375; \bar{x}\bar{y} = 14\,498.359\,375; \overline{x^2} = 23\,638.75$$

解得

$$\hat{\beta}_1 = \frac{\overline{xy} - \bar{x}\bar{y}}{\overline{x^2} - \bar{x}^2} \approx 0.708\,9; \hat{\beta}_0 = \bar{y} - \hat{\beta}_1 \bar{x} \approx -14.529\,8$$

然后进行拟合效果评价:

$$Q_e = \sum_{i=1}^{n} (y_i - \hat{y}_i)^2 = 25.329\,233\,32$$

$$\text{MSE} = \frac{1}{n-2} \sum_{i=1}^{n} (y_i - \hat{y}_i)^2 = 1.809\,230\,951$$

$$\text{SST} = \sum_{i=1}^{n} (y_i - \bar{y}_i)^2 = 331.75$$

$$\text{SSR} = \sum_{i=1}^{n} (\hat{y}_i - \bar{y}_i)^2 = 306.423\,283\,3$$

$$\text{SSE} = \sum_{i=1}^{n} (y_i - \hat{y}_i)^2 = 25.329\,233\,32$$

解得

$$R^2 = 1 - \frac{\text{SSE}}{\text{SST}} = 0.923\,65$$

由此可以看出拟合效果较好。

然后,进行显著性检验:作如下假设:$H_0: \beta_1 = 0$。设显著性水平 $\alpha = 0.05$,本案例中自由度 $n = 16$。

F 检验:查表可知

$$F(1, n-2) = 4.60,$$

$$F = \frac{\text{SSR}}{Q_e/(n-2)} = 169.366\,6 > F(1, n-2)$$

因此,拒绝假设 H_0。

t 检验:查表可知

$$t_\alpha(n-2) = 1.761\,3$$

$$T = \frac{\hat{\beta}_1}{} (\sum_{i=1}^{n} (x_i - \bar{x})^2) = 321.353 > t_\alpha(n-2)$$

因此,拒绝假设 H_0。

通过上述检验,可知模型建立成功。

基于以上分析,我们可知该案例的一元线性回归模型为

$$y = -14.529\,8 + 0.708\,9x$$

最后,进行预测。当 $x = 165$ 时,$y = 102.438\,7$。通过分析该具体案例可以了解,最小二乘估计法的中心思想就是在没有一条直线可以同时经过所有点的情况下,建立一条直线,通过选取最合适的参数让等式 $y = \beta_0 + \beta_1 x + \varepsilon$ 尽量成立,使各点尽可能地分布在该直线的周围。

7.3　算法案例

7.3.1　案例一：糖尿病患病指标预测——一元线性回归

糖尿病数据集（diabetes. csv）包含了 442 个数据样本，共 11 列数据：
- AGE：年龄；
- SEX：性别；
- BMI：体质指数（Body Mass Index）；
- BP：平均血压（Average Blood Pressure）；
- S1～S6：一年后的 6 项疾病级数指标；
- Y：一年后患疾病的定量指标，为需要预测的标签。

下面使用一元线性回归对糖尿病患病指标进行预测，程序代码如下：

```
1.  #导入相关包
2.  import pandas as pd
3.  from matplotlib import pyplot as plt
4.  from sklearn. model_selection import train_test_split
5.  from sklearn. linear_model import LinearRegression
6.
7.  #读取数据
8.  From sklearn. datasets import load_diabetes
9.  data  = load_diabetes()
10. #取出数据
11. Feat_cols = ['AGE','SEX','BMI','BP','S1','S2','S3','S4','S5','S6']
12.
13. fig = plt. figure()
14. for feat_col in Feat_cols:
15.     X = data[feat_col]. values. reshape(-1,1)
16.     #data[feat_col]. values虽然是一列，但会自动转换成行向量，所以要重新塑形成列
17.     y = data['Y']. values
18.     #数据划分为训练集和测试集
19.     X_train, X_test, y_train, y_test = train_test_split(X,y,test_size=1/5, random_state=
10)
20.     #模型构建
21.     linear_regress_model = LinearRegression()
22.     #模型训练
23.     linear_regress_model. fit(X_train,y_train)
24.     #评价模型的指标
25.     R2 = linear_regress_model. score(X_test,y_test)
26. print('取'+feat_col+'的模型的 R2 值为'+str(R2))
27.     #模型参数
28.     coef = linear_regress_model. coef_
```

```
29.     intercpt = linear_regress_model. intercept_
30. ♯数据可视化
31.     names = locals()
32.     idx = Feat_cols. index(feat_col)
33.     names['subpic_'+str(idx)] = fig. add_subplot(4, 3, idx + 1)
34.     names['subpic_'+str(idx)]. scatter(X,y,s=1,alpha=0.5)
35.     names['subpic_'+str(idx)]. set_title(feat_col)
36.     names['subpic_'+str(idx)]. plot(X, coef * X + intercpt, c = "red")
37. plt. tight_layout()
38. plt. show()
```

运行结果如下：

取 AGE 的模型的 R2 值为−0.020 315 734 618 997 494
取 SEX 的模型的 R2 值为−0.003 956 873 797 916 982
取 BMI 的模型的 R2 值为 0.370 666 080 919 532 9
取 BP 的模型的 R2 值为 0.196 440 631 123 015 9
取 S1 的模型的 R2 值为 0.031 394 340 304 163 44
取 S2 的模型的 R2 值为 0.017 657 018 292 064 12
取 S3 的模型的 R2 值为 0.092 293 867 930 437 59
取 S4 的模型的 R2 值为 0.123 109 519 463 042 15
取 S5 的模型的 R2 值为 0.340 972 016 892 513
取 S6 的模型的 R2 值为 0.161 456 880 266 136 7

各变量与因变量回归结果图如图 7 - 2 所示。

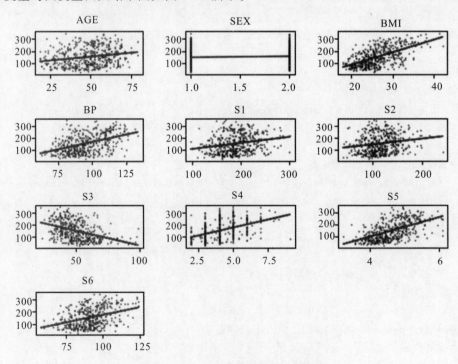

图 7 - 2　各变量与因变量回归结果图

7.3.2　案例二:房价预测——多元线性回归

Sklearn 中的波士顿房价数据集包含 506 个样本,每个样本有 13 个特征值,标签值为房价,具体如下:

- CRIM:城镇人均犯罪率;
- ZN:住宅用地超过 25 000 sq. ft. 的比例;
- INDUS:城镇非零售商用土地的比例;
- CHAS:查理斯河空变量(如果边界是河流,就为 1;否则,为 0);
- NOX:一氧化氮浓度;
- RM:住宅平均房间数;
- AGE:1940 年之前建成的自用房屋比例;
- DIS:到波士顿五个中心区域的加权距离;
- RAD:辐射性公路的接近指数;
- TAX:每 10 000 美元的全值财产税率;
- PTRATIO:城镇师生比例为 B;$1\ 000(Bk-0.63)\char94 2$,其中 Bk 指代城镇中黑人的比例;
- LSTAT:人口中地位低下者的比例;
- MEDV:自住房的平均房价,以千美元计。

下面使用多元线性回归对波士顿房价进行预测,程序代码如下:

```
1. from sklearn import datasets
2. from sklearn. model_selection import train_test_split
3. from sklearn import metrics
4. from sklearn. linear_model import LinearRegression
5. from sklearn. model_selection import cross_val_predict
6. import matplotlib. pyplot as plt
7. loaded_data = datasets. load_boston()  #加载数据集
8. data_X = loaded_data. data
9. data_y = loaded_data. target
10. print(data_X. shape)
11. print(data_y. shape)
12. print(data_X[:2,:])
13. print(data_y[:2])
14. #划分训练集和测试集,将 20% 的样本划分为测试集,80% 为训练集
15. X_train, X_test, y_train, y_test = train_test_split(data_X, data_y, test_size=0. 2)
16. print(X_train. shape)
17. print(X_test. shape)
18. model = LinearRegression()  #模型构建
19. model. fit(X_train, y_train)  #用训练集进行拟合
20. print(model. coef_)     #回归方程系数
21. print(model. intercept_)  #回归方程截距
22. y_pred = model. predict(X_test)  #模型测试,对测试集进行预测
23. print("MSE:", metrics. mean_squared_error(y_test, y_pred))    #结果评价(均方根误差)
```

```
24. predicted = cross_val_predict(model, data_X, data_y, cv=10) # 10 折交叉验证
25. print("MSE:", metrics.mean_squared_error(data_y, predicted))
26. #画图,将实际房价数据与预测数据作出对比,接近中间绿色直线的数据表示预测准确
27. plt.scatter(data_y, predicted, color='y', marker='o')
28. plt.scatter(data_y, data_y, color='g', marker='+')
29. plt.show()
```

运行结果及回归方程系数如下:

[−9.628 610 52e−02   5.028 558 61e−02   1.451 224 90e−02   1.845 981 67e+00
−2.182 936 51e+01   3.802 778 60e+00   1.452 122 09e−02   −1.437 000 07e+00
3.092 660 79e−01   −1.199 426 38e−02   −9.757 045 36e−01   8.447 606 03e−03
−5.318 091 70e−01]

回归方程截距: 38.330 231 945 316 87

测试集预测结果 MSE: 26.303 626 348 797 675

10 折交叉验证 MSE: 34.539 659 539 993 13

实际房价数据与预测数据对比图如图 7-3 所示。

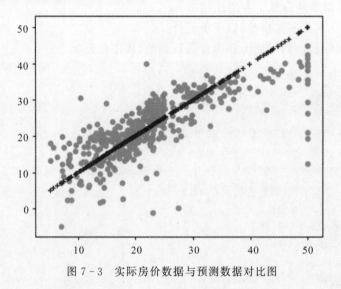

图 7-3 实际房价数据与预测数据对比图

通过以上两个案例,我们可以总结一下使用 Sklearn 实现线性回归的基本步骤如下:

(1)模型构建:model=sklearn.linear_model.LinearRegression()。

(2)模型训练:model.fit(X,y,sample_weight=None)。

(3)查看训练后的模型参数:model.coef_ 查看回归方程系数,model.intercept_ 查看回归方程截距。

(4)对测试集进行预测:model.predict(X)。

(5)模型评价:model.score(X,y,sample_weight=None)。

第8章 分 类

对于分类问题,其实大家都不会陌生,日常生活中我们每天都进行着分类过程。例如,对大学而言,有"985""211"和普通高校等之分;对编程语言来说,有 C、C++、Java、Python 等之分;对科目而言,有语文、数学、政治、地理等之分;对学生的成绩而言,有优秀、良好、及格等之分。总之,分类无处不在。本章首先介绍分类的基本概念,包括定义、评价指标、方法等,然后选取几个典型的分类算法进行详细介绍,包括其原理、流程及相关实例分析。

8.1 分类的基本概念

8.1.1 分类

分类是指构造一个分类模型,输入样本的特征值,输出对应的类别,将每个样本映射到预先定义好的类别。分类模型建立在已有类标记的数据集上,属于有监督学习。在实际应用场景中,分类算法被广泛应用于医疗诊断、垃圾邮件过滤、信用评级、图像识别等领域。

与回归问题相比,分类问题的输出不再是连续值,而是离散值,用来指定其属于哪个类别。例如,根据历史上的天气数据预测明天的气温,属于回归问题;而根据历史上的天气数据来预测明天是晴天、雨天还是雪天,则属于分类问题。

8.1.2 分类的评价指标

分类问题中,有真实标签和预测标签,可以列出混淆矩阵,见表 8-1,利用该矩阵可以进一步分析和评价分类的效果。

表 8-1 混淆矩阵

真实情况	预测结果	
	正 例	负 例
正 例	TP(True Positive)	FN(False Negative)
负 例	FP(False Positive)	TN(True Negative)

1. 精确度、召回率、F-score

精确度(Precision):在所有识别成正样本中,有多少是真正的正样本。

$$\text{Precision} = \frac{TP}{TP + FP} \tag{8-1}$$

召回率(Recall):所有的正样本中,我们识别出来的比例。

$$\text{Recall} = \frac{TP}{TP + FN} \tag{8-2}$$

F-score:精确率和召回率的加权调和平均:

$$\text{F-score} = \frac{(a^2 + 1)\text{Precision} \times \text{Recall}}{a^2(\text{Precision} + \text{Recall})} \tag{8-3}$$

当参数 $a = 1$ 时,就是最常见的 F_1 了:

$$F_1 = \frac{2\text{Precision Recall}}{\text{Precision} + \text{Recall}} \tag{8-4}$$

F_1 综合了精确率和召回率的结果,当 F_1 较高时,说明分类效果比较理想。

2. ROC 和 AUC

ROC(Receiver Operating Characteristic Curve)是受试者工作特征曲线,又称为感受性曲线,如图 8-1 所示。在 ROC 曲线上,最靠近坐标图左上方的点为敏感性和特异性均较高的临界值。ROC 曲线越靠近左上角,分类效果越好。

AUC(Area Under Roc Curve)是 ROC 曲线下面积,顾名思义,AUC 的值就是处于 ROC 曲线下方的那部分面积的大小。通常,AUC 的值介于 0.5 到 1.0 之间,AUC 越大,分类准确性越高。

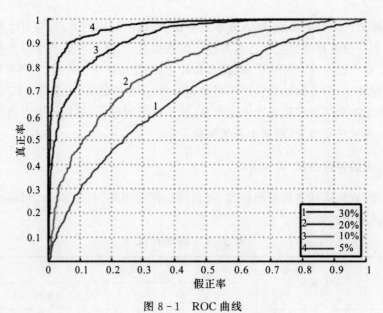

图 8-1 ROC 曲线

8.1.3 分类方法

1. KNN

KNN(K-Nearest Neighbor)算法是分类算法中最基础、最简单的算法之一,通过测量不同特征值之间的距离来进行分类。KNN 算法没有一般意义上的学习过程,利用训练数据对特征空间进行划分,并将划分结果作为最终算法模型。

2. 贝叶斯方法

贝叶斯(Bayes)分类算法是一类利用概率统计知识进行分类的算法,如朴素贝叶斯(Naive Bayes)算法。这些算法主要利用 Bayes 定理来预测一个未知类别的样本属于各个类别的可能性,选择其中可能性最大的一个类别作为该样本的最终类别。由于贝叶斯定理的成立本身需要一个很强的条件独立性假设前提,而此假设在实际情况中经常是不成立的,因此,其分类的准确性就会下降。为此就出现了许多降低独立性假设的贝叶斯分类算法,如 TAN(Tree Augmented Native Bayes)算法,是在贝叶斯网络结构的基础上增加属性对之间的关联来实现的。

3. 决策树

决策树是用于分类和预测的主要技术之一,决策树学习是以实例为基础的归纳学习算法,着眼于从一组无次序、无规则的实例中推理出以决策树表示的分类规则。构造决策树的目的是找出属性和类别间的关系,用它来预测将来未知类别的记录的类别。它采用自顶向下的递归方式,在决策树的内部节点进行属性的比较,并根据不同属性值判断从该节点向下的分支,在决策树的叶节点得到结论。主要的决策树算法有 ID3、C4.5(C5.0)、CART、PUBLIC、SLIQ 和 SPRINT 等。它们在选择测试属性采用的技术、生成的决策树的结构、剪枝的方法及时刻,能否处理大数据集等方面都有各自的不同之处。

4. 支持向量机

支持向量机(Support Vector Machine,SVM)是根据统计学习理论提出的一种新的学习方法。它的最大特点是根据结构风险最小化准则,以最大化分类间隔构造最优分类超平面来提高学习机的泛化能力,较好地解决了非线性、高维数、局部极小点等问题。对于分类问题,支持向量机算法根据区域中的样本计算该区域的决策曲面,由此确定该区域中未知样本的类别。

5. 神经网络

神经网络是一种应用类似于大脑神经突触连接的结构进行信息处理的数学模型。在这种模型中,大量的节点(称为“神经元”)之间相互连接构成网络,即“神经网络”,以达到处理信息的目的。神经网络通常需要进行训练,训练的过程就是进行网络学习的过程。训练改变了网络节点的连接权的值使其具有分类的功能,经过训练的网络就可用于对象的识别。目前,神经网络已有上百种不同的模型,常见的有 BP 神经网络、径向基 RBF 网络、Hopfield 网络、随机神经网络(Boltzmann 机)、竞争神经网络(Hamming 网络、自组织映射网络)等。但是当前的神经网络普遍存在收敛速度慢、计算量大、训练时间长和不可解释等缺点。

6. 集成学习分类模型

集成学习是一种机器学习范式,试图通过连续调用单个学习算法,获得不同的基学习器,然后根据规则组合这些学习器来解决同一个问题,可以显著提高学习系统的泛化能力。主要采用(加权)投票的方法组合多个基学习器。常见的算法有装袋(Bagging)、提升/推进(Boosting)、随机森林等。集成学习由于采用了投票平均的方法组合多个分类器,因此,有可能减少单个分类器的误差,获得对问题空间模型更加准确的表示,从而提高分类器的分类准确度。

8.2 KNN 算法

8.2.1 KNN 原理

KNN 算法,也被称作 K 近邻算法,是一种最简单的分类算法。Cover 和 Hart 在 1968 年提出了最初的 KNN 算法。所谓 K 近邻,就是 k 个最近的邻居的意思,说的是每个样本都可以用它最接近的 k 个邻居来代表。KNN 算法输入基于实例的学习,属于懒惰学习,即 KNN 没有显式的学习过程,也就是说没有训练阶段,数据集事先已有了分类和特征值,待收到新样本后直接进行处理。

KNN 算法的核心思想:如果一个样本在特征空间中的 k 个最相邻的样本中的大多数属于某一个类别,那么该样本也属于这个类别,并具有这个类别上样本的特性。该方法在确定分类决策上只依据最邻近的一个或几个样本的类别来决定待分样本所属的类别。由于 KNN 算法主要靠周围有限的邻近的样本,而不是靠判别类域的方法来确定所属类别的,因此,对类域的交叉或重叠较多的待分样本集来说,KNN 算法较其他方法更为适合。

例如,图 8-2 中,中间的圆点要被决定赋予哪个类,是三角形还是正方形? 如果 $k=3$,三角形所占比例为 2/3,那么圆点将被赋予三角形类。如果 $k=5$,正方形所占比例为 3/5,那么圆点被赋予正方形类。

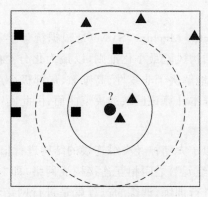

图 8-2 KNN 算法示例

1. 算法流程

输入:训练数据集、测试数据(均为 n 维向量,对应于特征空间中的点)。

输出:测试数据所对应的类别标签。

(1)计算测试数据与各个训练数据之间的距离;

(2)按照距离的递增关系进行排序;

(3)选取距离最小的 k 个点;

(4)确定前 k 个点所在类别的出现频率;

(5)返回前 k 个点中出现频率最高的类别作为测试数据的预测分类。

2. 距离度量

在 KNN 算法中,通过计算对象间的距离来度量各个对象之间的相似性。距离度量方式

有很多,最常用的是欧式距离,即对于两个 n 维向量 x 和 y,两者的欧式距离定义如下:

$$D_2(x,y) = \sqrt{\sum_{i=1}^{n} |x_i - y_i|^2} = \sqrt{(x-y)^T(x-y)} \qquad (8-5)$$

大多数情况下,欧式距离可以满足我们的需求,不需要再去操心距离度量。当然也可以使用其他的距离度量方式。比如,曼哈顿距离定义如下:

$$D_1(x,y) = \sum_{i=1}^{n} |x_i - y_i| \qquad (8-6)$$

更加通用一些,如闵可夫斯基距离(Minkowski Distance)定义如下:

$$D_p(x,y) = (\sum_{i=1}^{n} |x_i - y_i|^p)^{\frac{1}{p}} = \| x - y \|_p \qquad (8-7)$$

可以看出,欧式距离是闵可夫斯基距离在 $p=2$ 时的特例,而曼哈顿距离是 $p=1$ 时的特例。

3. k 的取值

k 值表示在预测目标点时取几个邻近的点来预测,因此,k 值的选取非常重要。

(1)当 k 的取值过小时,一旦有噪声的成分存在,将会对预测产生比较大的影响。例如,取 k 值为 1 时,一旦最近的一个点是噪声,就会出现偏差,k 值的减小就意味着整体模型变得复杂,容易发生过拟合。

(2)当 k 的取值过大时,就相当于用较大邻域中的训练实例进行预测,学习的近似误差会增大。这时与输入目标点较远的实例也会对预测起作用,使预测发生错误。k 值的增大就意味着整体的模型变得简单。

(3)k 的取值尽量要取奇数,以保证在计算结果最后会产生一个较多的类别。如果取偶数,就可能会产生相等的情况,不利于预测。

(4)常用的方法是从 $k=1$ 开始,估计分类器的误差率。重复该过程,每次 k 值增加 1,允许增加一个近邻,直到产生最小误差率的 k。一般 k 的取值不超过 20,上限是 n 的开方,随着数据集的增大,k 的值也要增大。

4. 算法的优缺点

KNN 算法的主要优点:

(1)理论成熟,思想简单,既可以用来做分类,也可以用来做回归。

(2)可用于非线性分类。

(3)训练时间的复杂度比支持向量机之类的算法低,仅为 $O(n)$。

(4)与朴素贝叶斯之类的算法比,对数据没有假设,准确度高,对异常点不敏感。

(5)由于 KNN 算法主要靠周围有限的邻近样本,而不是靠判别类域的方法来确定所属类别的,因此,对类域的交叉或重叠较多的待分样本集来说,KNN 算法较其他算法更为适合。

(6)该算法比较适用于样本容量比较大的类域的自动分类,而那些样本容量较小的类域采用这种算法比较容易产生误分。

KNN 算法的主要缺点:

(1)计算量大,尤其是特征数非常多的时候。

(2)样本不平衡的时候,对稀有类别的预测准确率低。

（3）KD 树、球树之类的模型建立需要大量的内存。

（4）使用懒散学习方法，基本上不学习，导致预测时的速度比逻辑回归之类的算法慢。

（5）相比决策树模型，KNN 模型的可解释性不强。

8.2.2　算法案例

海伦在一段时间内的约会数据中包含了 1 000 个样本，每个样本主要包括该约会对象的 3 种特征：

- 每年获得的飞行常客里程数；
- 玩视频游戏所耗时间百分比；
- 每周消费的冰淇淋公升数。

根据这些数据，使用 KNN 算法开发一款分类程序，能够将一个新的约会对象划分到"不喜欢的人""魅力一般的人""极具魅力的人"中的一类，从而帮助海伦更好地匹配到合适的约会对象。程序代码如下：

```
1.  import numpy as np    ♯科学计算包 Numpy
2.  import operator    ♯运算符模块
3.  import pandas as pd
4.  import matplotlib as mpl
5.  import matplotlib. pyplot as plt
6.  from mpl_toolkits. mplot3d import Axes3D    ♯空间三维画图
7.  from sklearn. preprocessing import MinMaxScaler ♯最大最小标准化
8.
9.  ♯设置字符集,防止中文乱码
10. mpl. rcParams['font. sans-serif'] = [u'simHei']
11. mpl. rcParams['axes. unicode_minus'] = False
12.
13. ♯ k-近邻算法
14. def knn(inX, dataSet, labels, k):    ♯输入向量,训练数据,标签,参数 k
15.     dataSetSize = dataSet. shape[0]    ♯数据个数
16.     diffMat = np. tile(inX, (dataSetSize, 1)) - dataSet    ♯计算对应元素的差值
17.     sqDiffMat = diffMat ** 2    ♯每个元素分别平方
18.     sqDistances = sqDiffMat. sum(axis=1)    ♯按行求和
19.     distances = sqDistances ** 0.5    ♯开方,求得每个训练数据到输入数据的欧式距离
20.     sortedDistIndicies = distances. argsort()    ♯返回数组值从小到大的索引
21.     classCount = {}    ♯创建一个字典,用于记录每个实例对应的频数
22. for i in range(k):
23.         voteIlabel = labels[sortedDistIndicies[i]]    ♯选择 k 个距离最小的点,对应标签
24.         classCount[voteIlabel] = classCount. get(voteIlabel, 0) + 1    ♯统计频数
25.     sortedClassCount = sorted(classCount. items(), key=operator. itemgetter(1), reverse=
True)
26. return sortedClassCount[0][0]    ♯ 返回最多的,多数表决法
27.
```

```
28.  #针对新数据的预测
29.  def classifyPersonNew():
30.      resultList = ['不喜欢的人','魅力一般的人','极具魅力的人']
31.      percentTats = float(input("玩视频游戏所耗时间百分比:"))
32.      ffMiles = float(input("每年获得的飞行常客里程数:"))
33.      iceCream = float(input("每年消费冰淇淋公升数:"))
34.      names = ['miles','game','ice_cream','charm']
35.      data = pd.read_table('datingTestSet.txt', names=names)
36.      datingDataMat = data[names[0:-1]]
37.      datingLabels = data[names[-1]]
38.      min_max_scaler = MinMaxScaler()
39.      normMat = min_max_scaler.fit_transform(datingDataMat)
40.      inArr = np.array([[ffMiles, percentTats, iceCream]])
41.      classifierResult = knn(min_max_scaler.transform(inArr), normMat, datingLabels, 3)
42.      print("你对这个人的印象:", resultList[classifierResult - 1])
43.
44.      #绘制散点图
45.      fig = plt.figure(figsize=(6, 6))
46.      ax = Axes3D(fig)
47.      colors = ['b', 'g', 'y', 'r']
48.      marker = ['.', 's', '~']
49.  for index in range(3):
50.          miles = data.loc[data[names[-1]] == index+1]['miles']
51.          game = data.loc[data[names[-1]] == index+1]['game']
52.          ice_cream = data.loc[data[names[-1]] == index + 1]['ice_cream']
53.          ax.scatter(miles, game, ice_cream, c=colors[index], label=resultList[index],
marker=str(marker[index]))
54.      ax.scatter(ffMiles, percentTats, iceCream, c=colors[3], s=50, marker='*', label="你
对这个人的印象:"+resultList[classifierResult - 1])
55.      #添加坐标轴
56.      ax.set_xlabel('每年获得的飞行常客里程数', fontdict={'size':10, 'color':'red'})
57.      ax.set_ylabel('玩视频游戏所耗时间百分比', fontdict={'size':10, 'color':'red'})
58.      ax.set_zlabel('每周消费的冰淇淋公升数', fontdict={'size':10, 'color':'red'})
59.      plt.legend(loc='upper left')
60.      plt.show()
61.
62.  #测试
63.  classifyPersonNew()
```

运行结果如下:

```
玩视频游戏所耗时间百分比:30
每年获得的飞行常客里程数:5 000
每年消费冰淇淋公升数:0.6
你对这个人的印象:极具魅力的人
```

约会对象分类结果如图 8 - 3 所示。

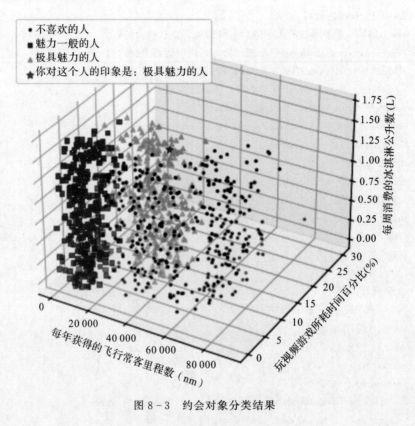

图 8 - 3 约会对象分类结果

8.3 决策树算法

8.3.1 决策树原理

决策树学习的算法通常是一个递归地选择最优特征,并根据该特征对训练数据集进行分割,使得对各个子数据集有一个最好的分类的过程。这一过程既对应着对特征空间的划分,也对应着决策树的构建。

1. 相关数学概念

(1)决策树。决策树是一个树结构(可以是二叉树或非二叉树)。其每个非叶节点表示一个特征属性上的测试,每个分支代表这个特征属性在某个值域上的输出,而每个叶节点存放一个类别。使用决策树进行决策的过程就是从根节点开始,测试待分类项中相应的特征属性,并按照其值选择输出分支,直到到达叶子节点,将叶子节点存放的类别作为决策结果。

(2)熵。在信息论和概率统计中,熵表示随机变量不确定性的度量。设 X 是一个取有限个值的离散随机变量,则 X 的熵定义如下:

$$H(X) = -\sum_{i=1}^{n} p_i \log p_i \qquad (8-8)$$

式中,n 代表 X 的 n 种不同的离散取值,而 p_i 代表了 X 取值为 i 的概率,$\log$ 为以 2 或 e 为底的对数。熵越大,随机变量的不确定性就越大。

(3) 条件熵。设有随机变量(X,Y),其联合概率分布为$P(X=x_i,Y=y_j)=p_{ij}$,条件熵$H(Y\mid X)$表示在已知随机变量X的条件下随机变量Y的不确定性,定义为X给定条件下Y的条件概率分布的熵对X的数学期望,即

$$H(Y\mid X)=\sum_{i=1}^{n}p_iH(Y\mid X=x_i) \tag{8-9}$$

(4) 信息增益。信息增益表示在得知特征X的信息而使得类Y的不确定性减少的程度。特征A对训练数据集D的信息增益$g(D,A)$,定义为集合D的经验熵$H(D)$与特征A在给定条件下D的经验条件熵$H(D\mid A)$之差,即

$$g(D,A)=H(D)-H(D\mid A) \tag{8-10}$$

根据信息增益选择特征的方法:对训练数据集(或子集)D,计算其每个特征的信息增益,并比较它们的大小,选择信息增益最大的特征。

2. 算法流程

输入:训练数据集D、特征集A、阈值ε。

输出:决策树T。

(1) 若D中所有的实例都属于同一类C_k(k表示样本D本身按照结果分成k个类别),则T为单节点树,并将类C_k作为该节点的类标记,返回T;

(2) 若特征A集合为空,则T为单节点树,并将D中实例数最大的类C_k作为该节点的类标记,返回T;

(3) 若不符合上面两种情况,则按照信息增益算法公式计算A中每个特征对D的信息增益,选择信息增益最大的特征A_g;

(4) A_g的信息增益小于阈值,则置T为单节点树,并将D中的实例数最大的类C_k作为该节点的类标记,返回T;

(5) 如果A_g的信息增益大于阈值,则对A_g的每一个取值a_i,依据$A_g=a_i$将D分割为若干非空子集D_i,将D_i中实例数最大的类作为标记,构建子节点,由结点及其子节点构成树T,返回T;

(6) 对第i个子节点,以D_i为训练集,以$A-\{A_g\}$为特征集,递归地调用Step1～Step5,得到子树T_i,返回T_i。

3. 算法的优缺点

决策树算法的主要优点:

(1)速度快:计算量相对较小,且容易转化成分类规则。只要沿着树根向下一直走到叶子,沿途的分裂条件就能够唯一确定一条分类的谓词。

(2)准确性高:挖掘出来的分类规则准确性高,便于理解,决策树可以清晰地显示哪些字段比较重要,即可以生成可以理解的规则。

(3)可以处理连续和种类字段。

(4)不需要任何领域知识和参数假设。

(5)适合高维数据。

决策树算法的主要缺点:

(1)对于各类别样本数量不一致的数据,信息增益偏向于那些更多数值的特征。

(2)容易过拟合。

(3)忽略属性之间的相关性。

8.3.2　Sklearn 实现决策树

在 Sklearn 中,使用 Decision Tree Classifier 来实现决策树。

> Sklearn. tree. DecisionTreeClassifier
> 　　　　(criterion='gini', splitter='best', max_depth=None, min_samples_split=2,
> 　　　　min_samples_leaf=1,min_weight_fraction_leaf=0.0, max_features=None,
> 　　　　random_state=None, max_leaf_nodes=None, min_impurity_decrease=0.0,
> 　　　　min_impurity_split=None, class_weight=None, presort=False)

1. 参数

• criterion:特征选择的标准,有信息增益和基尼系数两种,使用信息增益的是 ID3 和 C4.5 算法(使用信息增益比),使用基尼系数的是 CART 算法,默认是 gini 系数。

• splitter:特征切分点选择标准,决策树是递归地选择最优切分点,spliter 是用来指明在哪个集合上来递归,有 best 和 random 两种参数可以选择,best 表示在所有特征上递归,适用于数据集较小的时候;random 表示随机选择一部分特征进行递归,适用于数据集较大的时候。

• max_depth:决策树最大深度,决策树模型先对所有数据集进行切分,再在子数据集上继续循环这个切分过程,max_depth 可以理解成用来限制这个循环次数。

• min_samples_split:子数据集再切分需要的最小样本量,默认是 2,当子数据样本量小于 2 时,则不再进行下一步切分。如果数据量较小,那么使用默认值即可;如果数据量较大,那么为降低计算量,应该把这个值增大,即限制子数据集的切分次数。

• min_samples_leaf:叶节点(子数据集)最小样本数,如果子数据集中的样本数小于这个值,那么该叶节点和其兄弟节点都会被剪枝(去掉),该值默认为 1。

• min_weight_fraction_leaf:在叶节点处的所有输入样本权重总和的最小加权分数,如果不输入,就表示所有的叶节点的权重是一致的。

• max_features:特征切分时考虑的最大特征数量,默认是对所有特征进行切分,既可以传入 int 类型的值,表示具体的特征个数;也可以是浮点数,表示特征个数的百分比;还可以是 sqrt,表示总特征数的平方根;还可以是 log2,表示总特征数的 log 个特征。

• random_state:随机种子的设置,与 LR 中参数一致。

• max_leaf_nodes:最大叶节点个数,即数据集切分成子数据集的最大个数。

• min_impurity_decrease:切分点不纯度最小减少程度,如果某个结点的不纯度减少小于这个值,那么该切分点会被移除。

• min_impurity_split:切分点最小不纯度,用来限制数据集的继续切分(决策树的生成),如果某个节点的不纯度(可以理解为分类错误率)小于这个阈值,那么该点的数据将不再进行切分。

• class_weight:权重设置,主要是用于处理不平衡样本,与 LR 模型中的参数一致,既可以自定义类别权重,也可以直接使用 balanced 参数值进行不平衡样本处理。

　　• presort:是否进行预排序,默认是 False,所谓预排序就是提前对特征进行排序,我们知道,决策树分割数据集的依据是优先按照信息增益/基尼系数大的特征来进行分割,涉及大小就需要比较,如果不进行预排序,就会在每次分割的时候重新把所有特征进行计算比较一次;如果进行了预排序以后,那么每次分割的时候,只需要拿排名靠前的特征就可以了。

　　2．对象/属性

　　• classes_:分类模型的类别,以字典的形式输出。

　　• feature_importances_:特征重要性,以列表的形式输出每个特征的重要性。

　　• max_features_:最大特征数。

　　• n_classes_:类别数,与 classes_对应,classes_输出具体的类别。

　　• n_features_:特征数,当数据量小时,一般 max_features 和 n_features_相等。

　　• n_outputs_:输出结果数。

　　• tree_:输出整个决策树,用于生成决策树的可视化。

　　3．方法

　　• decision_path(X):返回 X 的决策路径。

　　• fit(X, y):在数据集(X, y)上使用决策树模型。

　　• get_params([deep]):获取模型的参数。

　　• predict(X):预测数据值 X 的标签。

　　• predict_log_proba(X):返回每个类别的概率值的对数。

　　• predict_proba(X):返回每个类别的概率值(有几类就返回几列值)。

　　• score(X, y):返回给定测试集和对应标签的平均准确率。

8.3.3　算法案例

隐形眼镜数据集(lenses.csv)共有 24 组数据,数据的标签依次如下:

　　• age of the patient(病人的年龄:1—青年,2—中年,3—老年);

　　• spectacle prescription(症状:1—近视,2—远视);

　　• astigmatic(是否散光:1—不散光,2—散光);

　　• tear production rate(分泌眼泪的频率:1—很少,2—普通);

　　• class(最终的分类标签,即推荐的隐形眼镜类型:1—硬材质,2—软材质,3—不适合佩戴隐形眼镜)。

　　下面使用决策树算法对隐形眼镜数据进行分类。程序代码如下:

```
1. import pandas as pd
2. from sklearn. model_selection import train_test_split
3. from sklearn import tree
4. from sklearn import metrics
5. import pydotplus
6.
7. names＝['age','prescription','astigmatic','tear','class']
8. lenses＝pd. read_csv('. /data/lenses. csv',header＝None,names＝names)
```

```
9.  # print(lenses)
10. X=lenses[names[0:-1]]
11. y=lenses[names[-1]]
12.
13. X_train,X_test,y_train,y_test=train_test_split(X,y,test_size=0.2,random_state=1)
14.
15. # Model 建模
16. clf=tree.DecisionTreeClassifier(criterion="entropy")
17. clf.fit(X_train,y_train)
18. y_pred=clf.predict(X_test)
19.
20. # Verify 验证
21. print(metrics.accuracy_score(y_true=y_test,y_pred=y_pred))
22. print(metrics.confusion_matrix(y_true=y_test,y_pred=y_pred))
23.
24. with open("./data/lensesTree.dot","w") as fw:
25.     tree.export_graphviz(clf,out_file=fw)
26.
27. dot_data = tree.export_graphviz(clf, out_file=None,
28.                     feature_names=names[0:-1],
29.                     class_names=['hard', 'soft', 'no lenses'],
30.                     filled=True, rounded=True,
31.                     special_characters=True)
32. graph = pydotplus.graph_from_dot_data(dot_data)
33. graph.write_png("./data/lensesTree.png")
```

运行结果如下:

```
digraph Tree {
node [shape=box] ;
0 [label="X[3] <= 1.5\nentropy = 1.312\nsamples = 19\nvalue = [3, 4, 12]"] ;
1 [label="entropy = 0.0\nsamples = 9\nvalue = [0, 0, 9]"] ;
0 -> 1 [labeldistance=2.5, labelangle=45, headlabel="True"] ;
2 [label="X[2] <= 1.5\nentropy = 1.571\nsamples = 10\nvalue = [3, 4, 3]"] ;
0 -> 2 [labeldistance=2.5, labelangle=-45, headlabel="False"] ;
3 [label="X[0] <= 2.5\nentropy = 0.722\nsamples = 5\nvalue = [0, 4, 1]"] ;
2 -> 3 ;
4 [label="entropy = 0.0\nsamples = 3\nvalue = [0, 3, 0]"] ;
3 -> 4 ;
5 [label="X[1] <= 1.5\nentropy = 1.0\nsamples = 2\nvalue = [0, 1, 1]"] ;
3 -> 5 ;
6 [label="entropy = 0.0\nsamples = 1\nvalue = [0, 0, 1]"] ;
5 -> 6 ;
7 [label="entropy = 0.0\nsamples = 1\nvalue = [0, 1, 0]"] ;
```

```
5 -> 7 ;
8 [label="X[1] <= 1.5\nentropy = 0.971\nsamples = 5\nvalue = [3, 0, 2]"] ;
2 -> 8 ;
9 [label="entropy = 0.0\nsamples = 2\nvalue = [2, 0, 0]"] ;
8 -> 9 ;
10 [label="X[0] <= 1.5\nentropy = 0.918\nsamples = 3\nvalue = [1, 0, 2]"] ;
8 -> 10 ;
11 [label="entropy = 0.0\nsamples = 1\nvalue = [1, 0, 0]"] ;
10 -> 11 ;
12 [label="entropy = 0.0\nsamples = 2\nvalue = [0, 0, 2]"] ;
10 -> 12 ;
}
```

隐形眼镜分类决策树如图 8-4 所示。

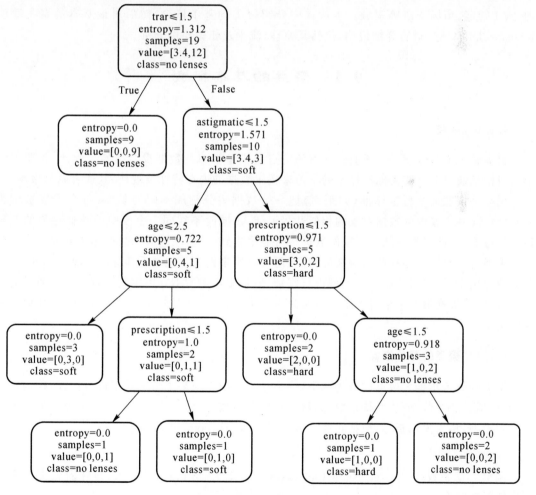

图 8-4　隐形眼镜分类决策树

第 9 章　聚类分析

我国早在《战国策·齐策四》中就提到"物以类聚,人以群分",这可以认为是对聚类最简单、直接的描述。聚类分析是通过一系列算法或对应的模型定量化地描述数据中潜在的积聚现象。具体来说,就是根据某种相似性度量,将具有相似特征的样本数据归为一类,使得同类中样本差异最小,不同类之间样本差异较大。聚类分析应用十分广泛,包括模式识别、图像处理、人工智能、市场调研等领域。本章首先介绍聚类的基本概念,然后对最基本的聚类算法KMeans、DBSCAN进行详细说明,包括其原理、流程及相关实例分析。

9.1　聚类的基本概念

9.1.1　聚类

聚类属于无监督学习。无监督学习的特点是模型学习的数据没有标签。因此,无监督学习的目标是通过对这些无标签样本的学习来揭示数据的内在特性及规律,其代表就是聚类。

聚类是按照某个特定标准(如距离)把一个数据集分割成不同的子集(每个子集被称为簇),使得同一个簇内的数据对象的相似性尽可能大,同时不在同一个簇中的数据对象的差异性也尽可能大,即聚类后同一个簇的数据尽可能聚集到一起,不同簇的数据尽量分离。

聚类既可以用来寻找数据潜在的特点,还可以用来作为其他学习任务的前驱。例如,在一些商业应用中,需要对新用户的类型进行判别,但是用户类型不好去定义,因此,可以通过对用户进行聚类,根据聚类结果将每个簇定义为一个类,然后基于这些类训练模型,用于判别新用户的类型。

9.1.2　聚类的评价指标

聚类的评价指标大致可以分为两类:一类是聚类结果与某个参考模型进行比较,称为外部指标,包括兰德系数、调整兰德系数、调整的互信息指数等;另一类是直接考察聚类结果而不参考其他模型,称为内部指标,包括轮廓系数、Caliniski-Harabaz指数等。

1. 调整兰德系数

调整兰德系数(Adjusted Rand Index):取值范围为$[-1,1]$,值越大,意味着聚类结果与真实情况越吻合。

$$RI = \frac{a+b}{C_2^{n_{\text{samples}}}} \tag{9-1}$$

$$ARI = \frac{RI - E[RI]}{\max(RI) - E[RI]} \tag{9-2}$$

该评价指标可用于聚类算法之间的比较,但是 ARI 需要真实标签。

2. 轮廓系数

轮廓系数(Silhouette Coefficient):根据样本 i 的簇内相异度 $a(i)$ 和簇间相异度 $b(i)$,定义样本 i 的轮廓系数(取值范围为 $[-1,1]$):

$$s(i) = \frac{b(i) - a(i)}{\max\{a(i), b(i)\}} \quad s(i) = \begin{cases} 1 - \dfrac{a(i)}{b(i)}, a(i) < b(i), \\ 0, a(i) = b(i), \\ \dfrac{b(i)}{a(i)} - 1, a(i) > b(i) \end{cases} \tag{9-3}$$

若 $s(i)$ 接近 1,则说明样本 i 聚类合理;

若 $s(i)$ 接近 -1,则说明样本 i 更应该分类到另外的簇;

若 $s(i)$ 近似为 0,则说明样本 i 在两个簇的边界上。

所有样本的 $s(i)$ 的均值称为聚类结果的轮廓系数,是该聚类是否合理、有效的度量。

3. Caliniski-Harabaz 指数

Calinski-Harabasz 指数 s 的数学计算公式如下:

$$s(k) = \frac{tr(\boldsymbol{B}_k)}{tr(\boldsymbol{W}_k)} \cdot \frac{m - k}{k - 1} \tag{9-4}$$

式中,m 为训练集样本数,k 为类别数。$\boldsymbol{B}_k$ 为类别之间的协方差矩阵,$\boldsymbol{W}_k$ 为类别内部数据的协方差矩阵,tr 为矩阵的迹。

也就是说,类别内部数据的协方差越小越好,类别之间的协方差越大越好,这样的 Calinski-Harabasz 指数会越高。

9.1.3 聚类方法

聚类方法的种类繁多。采用不同的聚类方法,对相同的数据样本可能会得到不同的聚类效果。根据算法思路,聚类方法大致分为基于划分的方法、基于层次的方法、基于密度的方法、基于网格的方法和基于模型的方法五类。

(1)基于划分的方法是按照某种准则将一组目标划分到一定数目的聚类中,该准则通常抽象化为准则函数,其中以误差平方和函数为准则函数的应用最为广泛。KMeans 算法就是以误差平方和作为准则函数的一种基于划分的方法。

(2)基于层次的方法主要分为凝聚型和分裂型两种,其中凝聚型是先将每个样本对象分成一类,通过不断合并得到不同等级的聚类划分;而分裂型正好与它相反,先把所有数据对象归成一类,通过不断分裂得到不同等级的聚类划分。分裂和合并操作都以样本间相似性度量为依据进行聚类,其中层次凝聚的代表是 AGNES 算法,层次分裂的代表是 DIANA 算法。

(3)基于密度的方法是以密度为聚类依据,只要一个区域点的密度大于某个阈值,就可以将其归到类别中。常用的基于密度的方法是 DBSCAN 算法。

(4)基于网格的方法是将样本对象通过网络数据结构量化成有限的数目单元,所有的聚类操作都在该网格单元上进行,这种结构相对来说处理速度较快。常用的基于网格的方法有

STING 算法及 CLIQUE 算法。

（5）基于模型的方法是为每个聚类假定一个模型，再找到符合该模型的数据对象，并试图使数据样本与数学模型达到最佳拟合。基于模型的方法主要有两类：统计学方法和神经网络方法。

9.2 KMeans 算法

9.2.1 算法原理

KMeans 算法，也被称作 K 均值算法，由 Macqueen 于 1967 年提出。它的核心思想是将 n 个数据对象划分成 k 个聚类，使每个聚类中的数据与该聚类中心距离的平方和最小。

KMeans 算法先选择初始聚类中心，然后计算剩余各个样本到每一个聚类中心的距离，把该样本归到离它最近的那个聚类中心所在的类。之后计算新形成类的样本平均值得到新的聚类中心，不断重复上述过程。如果相邻两次聚类中心没有发生变化或其对应的准则函数（基于划分的方法的某种准则、规则约束）收敛，就说明 KMeans 聚类完成，此时在同一类别中样本对象之间的相似性最大，不同类别的样本对象差异最明显。

1. 准则函数

KMeans 算法的准则函数根据采用的距离（欧式距离、曼哈坦距离等）不同而不同。这里以欧式距离为例，其准则函数为：

$$E = \sum_{i=1}^{k} \sum_{x \in C_i} |x - \overline{x}_i|^2 \tag{9-5}$$

式中，E 为 n 个对象平方误差的总和，$\overline{x}_i$ 为第 i 个类 C_i 的平均值，假设在第 1 个类（$i=1$）中含有 a 个样本，则 $\overline{x}_1 = \frac{1}{a}(x_1 + x_2 + x_3 \cdots + x_a)$。$\sum_{x \in C_i} |x - \overline{x}_i|^2$ 代表在第 C_i 个类中样本与该类的均值 $\overline{x}_i$ 之间距离的平方和，仍以第一个类为例，其计算公式如下：

$$\sum_{x \in C_1} |x - \overline{x}_1|^2 = |x_1 - \overline{x}_1|^2 + |x_2 - \overline{x}_1|^2 + |x_3 - \overline{x}_1|^2 + \cdots + |x_a - \overline{x}_1|^2 \tag{9-6}$$

准则函数 E 是 KMeans 算法迭代停止的条件，即当 k 个类的样本与该类均值距离的平方和取得最小值时聚类结束。

2. 算法流程

KMeans 算法的实现过程如下：

输入：聚类的类别数 k 和聚类的样本对象 n。

输出：k 个聚类类别及每个类别对应的样本编号（读取数据时生成）和聚类中心。KMeans 算法的样本类别输出以 $2 \times n$ 矩阵形式显示，其中第一行为样本对应的编号，第二行代表该编号对应的 $1 \sim k$ 的聚类类别数。聚类中心则以 $k \times 2$ 的矩阵形式，其中每一行代表一个簇的初始聚类中心和最后一次迭代的聚类中心，一共有 k 行。

（1）任意选择 k 个对象作为初始聚类中心。

（2）计算剩余各个样本到每一个聚类中心的距离，把该样本归到离它最近的那个聚类中心所在的类。

（3）重新计算每个类的平均值，更新每个类的聚类中心。

（4）根据式（9-5）计算准则函数 E；

（5）当准则函数不再发生变化收敛时，输出聚类结果，否则，重复（2）～（5）。

KMeans 算法流程图如图 9-1 所示。

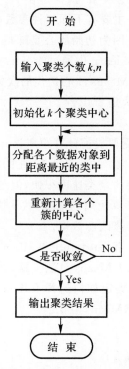

图 9-1　KMeans 算法流程图

3. 算法的优缺点

KMeans 算法相对比较简单，处理数据高效、快速。其主要优点如下：

（1）当处理大数据集时，其复杂度只与聚类对象的数目、聚类个数及迭代次数有关，其高效性特点体现得尤为明显。

（2）采用 KMeans 算法的聚类结果是希望不同类之间差异明显，同类之间相似性高。因此，当聚类结果中的类比较密集，且类与类之间差别较大时，聚类效果较好。

随着 KMeans 算法的应用领域越来越广泛，其缺点也逐渐暴露出来。首先，KMeans 算法对初始聚类中心依赖较大，当选择不同的初始聚类中心时，聚类结果有可能是不同的。其次，该算法对孤立点较为敏感。另外，KMeans 算法还需要指定聚类的数目 k。

虽然，KMeans 算法有许多需要改进优化的地方，但是在一些基本的大数据集进行处理时，其聚类效果及高效性还是得到了普遍认可。

9.2.2　Sklearn 实现 KMeans

在 Sklearn 中，使用 KMeans 类来实现 KMeans 算法。

```
class sklearn. cluster. KMeans
```

```
（n_clusters＝8，init＝'k－means＋＋'，n_init＝10，max_iter＝300，
tol＝0.0001，precompute_distances＝'auto'，verbose＝0，
random_state＝None，copy_x＝True，n_jobs＝1，algorithm＝'auto'）
```

1. 参数

• n_clusters：质心数量，也就是分类数，默认是 8 个。

• init：初始化质心的选取方式，主要有下面三种参数可选："k－means＋＋""random""andarray"，默认是"k－means＋＋"。因为初始质心是随机选取的，会造成局部最优解，所以需要更换几次随机质心，这个方法在 Sklearn 中通过给 init 参数传入"k－means＋＋"即可。

• n_init：随机初始化的次数，KMeans 质心迭代的次数。

• max_iter：最大迭代次数，默认是 300。

• tol：误差容忍度最小值。

• precompute_distances：是否需要提前计算距离，auto，True，False 三个参数值可选。默认值是 auto，如果选择 auto，当样本数×质心数＞12 兆的时候，就不会提前进行计算，如果小于，就会提前计算。提前计算距离会让聚类速度很快，但是也会消耗很多内存。

• copy_x：主要起作用于提前计算距离的情况，默认值是 True，如果是 True，就表示在源数据的副本上提前计算距离时，不会修改源数据。

• algorithm：优化算法的选择，有 auto，full 和 elkan 三种选择。full 就是一般意义上的 KMeans 算法，elkan 是使用的 elkan KMeans 算法。默认的 auto 则会根据数据值是否是稀疏的（稀疏一般指是有大量缺失值）来决定如何选择 full 和 elkan。如果数据是稠密的，就选择 elkan KMeans，否则就使用普通的 KMeans 算法。

2. 对象/属性

• cluster_centers_：输出聚类的质心。

• labels_：输出每个样本集对应的类别。

• inertia_：所有样本点到其最近点的距离之和。

9.2.3 算法案例

下面将使用 KMeans 算法对 Sklearn 自带的鸢尾花数据集进行聚类。程序代码如下：

```
1. from sklearn.datasets import load_iris    ♯鸢尾花数据集
2. from sklearn.cluster import KMeans    ♯ K－Means 聚类模型
3. from sklearn.metrics import adjusted_rand_score, silhouette_score    ♯聚类评估指标
4. import matplotlib.pyplot as plt
5. import matplotlib
6. matplotlib.rcParams['font.family'] = 'SimHei'
7.
8. ♯加载数据
9. data = load_iris()
10. x = data['data']
11. y = data['target']
12. print('真实类别:\n', y)
```

```
13.
14. #模型初始化
15. model = KMeans(n_clusters=3)
16.
17. #模型训练
18. model.fit(x)
19.
20. #模型参数
21. print('聚类结果：\n', model.labels_)
22. print('簇中心：\n', model.cluster_centers_)
23.
24. #模型评估
25. print('调整兰德系数：', adjusted_rand_score(y, model.labels_))    # 有真实类别标签
26. print('轮廓系数：', silhouette_score(x, model.labels_))    # 没有真实类别标签
27.
28. #数据可视化
29. plt.figure(figsize=(12,4))
30. marker = ['.', 's', '~']
31.
32. plt.subplot(121)
33. for i in range(3):
34.     plt.scatter(x[y==i, 0], x[y==i, 1], marker=str(marker[i]))
35. plt.title('真实类别')
36.
37. plt.subplot(122)
38. for i in range(3):
39.     plt.scatter(x[model.labels_==i, 0], x[model.labels_==i, 1], marker=str(marker[i]))
40. plt.title('聚类结果')
41. plt.show()
```

运行结果如下：

真实类别：

```
[0 0 0 0 0 0 0 0 0 0 0 0 0 0 0 0 0 0 0 0 0 0 0 0 0 0 0 0 0 0 0 0 0 0 0 0
 0 0 0 0 0 0 0 0 0 0 0 0 0 0 1 1 1 1 1 1 1 1 1 1 1 1 1 1 1 1 1 1 1 1 1 1
 1 1 1 1 1 1 1 1 1 1 1 1 1 1 1 1 1 1 1 1 1 1 1 1 1 1 2 2 2 2 2 2 2 2 2 2
 2 2 2 2 2 2 2 2 2 2 2 2 2 2 2 2 2 2 2 2 2 2 2 2 2 2 2 2 2 2 2 2 2 2 2 2]
```

聚类结果：

```
[1 1 1 1 1 1 1 1 1 1 1 1 1 1 1 1 1 1 1 1 1 1 1 1 1 1 1 1 1 1 1 1 1 1 1 1
 1 1 1 1 1 1 1 1 1 1 1 1 1 0 0 2 0 0 0 0 0 0 0 0 0 0 0 0 0 0 0 0 0 0 0 0
 0 0 2 0 0 0 0 0 0 0 0 0 0 0 0 0 0 0 2 0 2 2 2 2 0 2 2 2 2
 2 2 0 0 2 2 2 2 0 2 0 2 0 2 2 0 0 2 2 2 2 0 2 2 2 2 0 2 2 2 0 2 2 2 0 2 2 0]
```

簇中心:

[[5.901 612 9   2.748 387 1   4.393 548 39   1.433 870 97]
[5.006   3.428   1.462   0.246]
[6.85   3.073 684 21   5.742 105 26   2.071 052 63]]
调整兰德系数: 0.730 238 272 283 469 7
轮廓系数: 0.552 819 012 356 409 1

使用 KMeans 算法对鸢尾花数据集进行聚类如图 9-2 所示。

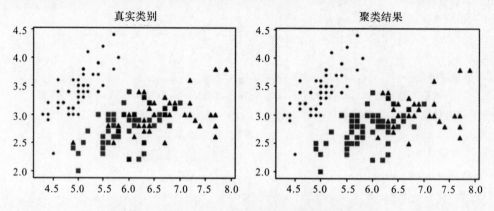

图 9-2　使用 KMeans 算法对鸢尾花数据集进行聚类

9.3　DBSCAN 算法

9.3.1　算法原理

DBSCAN(Density-Based Spatial Clustering of Applications with Noise)是一个比较有代表性的基于密度的算法。与基于划分的方法不同,它将簇定义为密度相连的点的最大集合,能够把具有足够高密度的区域划分为簇,并可在有噪声的空间数据库中发现任意形状的聚类。

1. 密度的定义

首先给出以下定义:

(1) 对象的 Eps 邻域:给定对象在半径 Eps 内的区域。

(2) 核心对象:如果一个对象的 Eps 邻域至少包含最小数目 $MinPts$ 个对象,则称该对象为核心对象。

(3) 直接密度可达:给定一个对象集合 D,如果 p 是在 q 的 Eps 邻域内,而 q 是一个核心对象,就称对象 p 从对象 q 出发是直接密度可达的。

(4) 密度可达:如果存在一个对象链 $p_1, p_2, \cdots, p_n, p_1 = q, p_n = p$,对 $p_i \in D, (1 \leqslant i \leqslant n), p_{i+1}$ 是从 p_i 关于 Eps 和 $MinPts$ 直接密度可达的,则对象 p 是从对象 q 关于 Eps 和 $MinPts$ 密度可达的。

(5) 密度相连:如果存在对象 $O \in D$,使对象 p 和 q 都是从 O 关于 Eps 和 $MinPts$ 密度可达的,则对象 p 和 q 是关于 Eps 和 $MinPts$ 密度相连的。

从图 9-3 可以很容易理解上述定义,图中 $MinPts = 5$,三角形的点都是核心对象,因为其 Eps 邻域至少有 5 个样本。圆形的点是非核心对象。所有核心对象密度直达的样本在以三角形核心对象为中心的超球体内,如果不在超球体内,就不能密度直达。图中用箭头连起来的核心对象组成了密度可达的样本序列。在这些密度可达的样本序列的 Eps 邻域内所有的样本相互都是密度相连的。

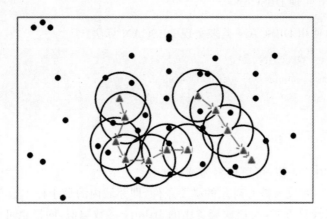

图 9-3 DBSCAN 密度的定义

2. 算法流程

DBSCAN 算法通过检查数据集中每个对象的 Eps 邻域来寻找聚类。如果一个点 p 的 Eps 邻域包含多于 $MinPts$ 个对象,就创建一个 p 作为核心对象的新簇。然后,DBSCAN 反复寻找从这些核心对象直接密度可达的对象,这个过程可能涉及一些密度可达簇的合并。当没有新的点可以被添加到任何簇时,该过程结束。实现过程如下:

输入:包含 n 个对象的数据库,半径 Eps,最少数目 $MinPts$。

输出:所有生成的簇。

算法过程:

(1)从数据库中抽取一个未处理过的点。

(2)如果抽出的点是核心点,就找出所有从该点密度可达的对象,形成一个簇。

(3)如果抽出的点是边界点(非核心对象),就跳出本次循环,寻找下一点。

(4)重复步骤(1)~(3),直到所有点都被处理。

3. 算法的优缺点

DBSCAN 算法的主要优点:

(1)可以对任意形状的稠密数据集进行聚类,相对地,KMeans 之类的聚类算法一般只适用于凸数据集。

(2)可以在聚类的同时发现异常点,对数据集中的异常点不敏感。

(3)聚类结果没有偏倚,相对地,KMeans 之类的聚类算法初始值对聚类结果有很大影响。

DBSCAN 算法的主要缺点:

(1)如果样本集的密度不均匀,聚类间距差相差很大,那么聚类质量较差,这时用 DBSCAN 聚类一般不适合。

（2）如果样本集较大，聚类收敛时间较长，那么此时可以对搜索最近邻时建立的 KD 树或球树进行规模限制来改进。

（3）调参相对于传统的 KMeans 之类的聚类算法稍复杂，主要需要对距离阈值 Eps，邻域样本数阈值 MinPts 联合调参，不同的参数组合对最后的聚类效果有较大影响。

9.3.2 Sklearn 实现 DBSCAN

在 Sklearn 中，使用 DBSCAN 类来实现 DBSCAN 算法。

class sklearn. cluster. DBSCAN
    (eps=0. 5, min_samples=5, metric='euclidean', metric_params=None,
    algorithm='auto', leaf_size=30, p=None, n_jobs=1)

1. 参数

• eps：即邻域中的 r 值，可以理解为圆的半径。

• min_samples：要成为核心对象的必要条件，即邻域内的最小样本数，默认是 5 个。

• metric：距离计算方式，与层次聚类中的 affinity 参数类似，同样也可以是 precomputed。

• metric_params：其他度量函数的参数。

• algorithm：最近邻搜索算法参数，auto、ball_tree（球树）、kd_tree（kd 树）、brute（暴力搜索），默认是 auto。

• leaf_size：最近邻搜索算法参数，当 algorithm 使用 kd_tree 或 ball_tree 时，停止建子树的叶子节点数量的阈值。

• p：最近邻距离度量参数。只用于闵可夫斯基距离和带权重闵可夫斯基距离中 p 值的选择，$p=1$ 时为曼哈顿距离，$p=2$ 时为欧式距离。

2. 对象/属性

• core_sample_indices_：核心对象数。

• labels_：每个样本点的对应的类别，对于噪声点将赋值为 -1。

9.3.3 算法案例

信用卡欺诈是指故意使用伪造、作废的信用卡或冒用他人的信用卡骗取财物，或者用本人信用卡进行恶意透支的行为。信用卡欺诈检测是银行减少损失的重要手段。

本案例中的信用卡欺诈检测数据集（creditcard. csv）来源于 Kaggle 上的一个信用卡欺诈检测比赛，包含了欧洲持卡人于 2013 年 9 月的两天内通过信用卡进行的 284 807 笔交易数据，其中存在 492 起欺诈，可以看出，数据集高度不平衡，正类（欺诈）仅占所有交易的 0.172%。

原始数据集已做脱敏处理和主成分分析降维处理，共有 32 个特征，具体如下：

$V_1, V_2, \cdots, V_{28}$：降维后获得的主成分。

Time：每笔交易与数据集中第一笔交易之间的间隔（单位为秒），未经过降维处理。

Amount：交易金额，未经过降维处理。

Class：分类变量，在发生欺诈时为 1，否则为 0。

　　下面使用 DBSCAN 算法对数据集进行聚类，识别其中的异常点，从而实现信用卡欺诈检测。程序代码如下：

```
1. import numpy as np
2. import pandas as pd
3. import matplotlib. pyplot as plt
4. from sklearn. preprocessing import StandardScaler
5. from sklearn. model_selection import train_test_split
6. from sklearn. cluster import DBSCAN
7.
8. #读取数据
9. data = pd. read_csv('creditcard. csv')
10.
11. #统计两种类别(正常交易、欺诈)的数目
12. print('两种类别(正常交易、欺诈)的数目:')
13. print(data['Class']. value_counts())
14.
15. #从 Time 特征中提取 Hour 信息
16. data['Hour'] = data['Time']. apply(lambda x: divmod(x, 3600)[0])
17.
18. #准备特征数据和标签
19. X = data. drop(['Time', 'Class'], axis=1)
20. Y = data['Class']
21.
22. #数据规范化处理
23. ss = StandardScaler()
24. columns = X. columns
25. X[columns] = ss. fit_transform(X[columns])
26.
27. #由于数据集过大，计算机内存不够，因此，将数据集划分为训练集和测试集，后续聚类操作只
在训练集上进行
28. X_train, X_test, Y_train, Y_test = train_test_split(X, Y, test_size=0. 55, random_state=0)
29.
30. #模型初始化
31. db = DBSCAN(eps=3. 8, min_samples=13). fit(X_train)
32.
33. #统计聚类得到的各簇中的样本数目,其中−1 表示欺诈
34. print('\n 聚类得到的各簇中的样本数目:')
35. print(pd. Series(db. labels_). value_counts())
36.
37. #分析信用卡欺诈检测结果
38. X_train['labels'] = Y_train　 # 真实类别,其中 1 表示欺诈
```

```
39. X_train['labels_'] = db.labels_    # 聚类得到的类别,其中-1表示欺诈
40. print('\n 真实的欺诈样本数目:')
41. print(X_train[X_train['labels'] == 1].shape[0])
42. print('检测出确实是欺诈的样本数目:')
43. print(X_train[(X_train['labels'] == 1) & (X_train['labels_'] == -1)].shape[0])
```

运行结果如下:

```
两种类别(正常交易、欺诈)的数目:
0    284 315
1        492
Name:Class,dtype:int64


聚类得到的各簇中的样本数目:
0       113 250
1         8 334
-1        6 522
2           27
4           16
3           14
dtype:int64


真实的欺诈样本数目:
218
检测出确实是欺诈的样本数目:
187
```

从中可以看出,通过使用 DBSCAN 算法进行聚类,得到了 6 522 个异常点,覆盖了 187 个欺诈样本,覆盖率为 $187/218 = 85.78\%$。从覆盖率的角度来说,使用 DBSCAN 算法进行信用卡欺诈检测的效果还是可以的。

参 考 文 献

[1] 黄红梅，张良均. Python 数据分析与应用[M]. 北京：人民邮电出版社，2018.

[2] 董付国. Python 数据分析、挖掘与可视化[M]. 北京：人民邮电出版社，2020.

[3] 嵩天，礼欣，黄天羽. Python 语言程序设计基础[M]. 2 版. 北京：高等教育出版社，2017.

[4] MCKINNEY W. 利用 Python 进行数据分析[M]. 唐学韬，译. 北京：机械工业出版社，2013.

[5] 张良均，王路，谭立云，等. Python 数据分析与挖掘实战[M]. 北京：机械工业出版社，2016.

[6] 王云峰. 统计学原理：理论与方法[M]. 上海：复旦大学出版社，2013.

[7] HARRINGTON P. 机器学习实战[M]. 李锐，李鹏，曲亚东，等译. 北京：人民邮电出版社，2013.

[8] 王圣元. 快乐机器学习[M]. 北京：电子工业出版社，2019.

[9] 卢辉. 数据挖掘与数据化运营实战[M]. 北京：机械工业出版社，2013.

[10] 张文霖，刘夏璐，狄松. 谁说菜鸟不会数据分析：入门篇[M]. 北京：电子工业出版社，2013.

[11] 贾俊平. 统计学[M]. 5 版. 北京：中国人民大学出版社，2012.

[12] TAN P N, STEINBACH M, KUMAR V. 数据挖掘导论[M]. 范明，范宏建，译. 北京：人民邮电出版社，2010.

[13] HAN J W, KAMBER M. 数据挖掘：概念与技术[M]. 范明，孟小峰，译. 北京：机械工业出版社，2007.